Mathematik 1

Kompetent AUFSTEIGEN ...

1. Klasse AHS • NMS

Günther Wagner / Helga Wagner

G&G

Symbolerklärung

1 Übungsaufgabe:
Die meisten Übungen kannst du im Buch erledigen, für einige Aufgaben ist es aber ratsam, wenn du dir ein Übungsheft anlegst.

In einem solchen Kästchen findest du **Musterbeispiele** zum jeweiligen Thema.

Wichtiger Merksatz! Guter Tipp! Merke dir das gut!

Dem Buch ist ein Lösungsheft zur Selbstkontrolle beigelegt.

www.ggverlag.at

ISBN 978-3-7074-1832-3

In der aktuell gültigen Rechtschreibung

1. Auflage 2015
Illustrationen: Elena Obermüller
Satz: Günther Wagner
Printed by Drukarnia Interak Sp. Z o.o., Czarnków, Polen

Vorwort

Liebe Schülerin! Lieber Schüler!

Du hältst ein Buch in der Hand, das dir helfen soll, auf einfache Art und Weise in Mathematik kompetent zu werden, damit du problemlos in die nächste Klasse aufsteigen kannst. Der Inhalt des Werkes deckt den gesamten Lehrstoff der 1. Klasse der AHS und der NMS ab.

In vielen Musterbeispielen werden alle für dich wichtigen mathematischen Begriffe und Rechenschritte erklärt. Einfache Merksätze, leicht verständliche Rechenanweisungen und zahlreiche Übungen in unterschiedlichen Schwierigkeitsgraden helfen dir dabei den Lernstoff zu wiederholen und deine Noten zu verbessern.

Arbeite die einzelnen Kapitel genau durch! Um Sicherheit beim Problemlösen und beim Rechnen zu bekommen, musst du aber immer wieder üben. Die Übungsbeispiele in diesem Buch helfen dir, fit in Mathematik zu sein.

Wir wünschen dir viel Erfolg beim Kompetent AUFSTEIGEN in Mathematik.

Liebe Eltern!

Sie halten ein Buch in der Hand, das die Mathematikkenntnisse Ihres Kindes mit einfachen Übungen und leicht verständlichen Merksätzen verbessern kann.
Das Buch „Kompetent AUFSTEIGEN in Mathematik“ ist auf die Lernziele, die Ihr Kind im 5. Schuljahr (1. Klasse AHS und NMS) erreichen soll, abgestimmt. Das Werk ist so aufgebaut, dass selbstständiges Lernen möglich ist.

Zum Umgang mit diesem Buch:
Die einzelnen Kapitel werden mit einem Theorieteil eingeleitet. In einfachen Erklärungen und mit leicht verständlichen Musterbeispielen werden die Grundlagen für die folgenden Übungen gelegt. Das beigelegte Lösungsheft ermöglicht eine sichere Kontrolle.

Viel Erfolg für Ihr Kind wünschen Ihnen

Helga Wagner und Günther Wagner

Inhalt

Arithmetik

Geometrie

Arithmetik

Die natürlichen Zahlen

Die natürlichen Zahlen verwendest du zum Zählen.

Menge der natürlichen Zahlen: $\mathbb{N} = \{0, 1, 2, 3, 4, ...\}$

Menge der natürlichen ungeraden Zahlen: $\mathbb{N}_u = \{1, 3, 7, 9, ...\}$

Menge der natürlichen geraden Zahlen: $\mathbb{N}_g = \{0, 2, 4, 6, 8, ...\}$

Menge:
In einer Menge stehen Zahlen mit einer bestimmten Eigenschaft.

Element:
Eine Zahl in der Menge heißt Element. Du schreibst dafür $\in$.

$5 \in \mathbb{N}$ Lies: 5 **ist Element** der Menge der natürlichen Zahlen.

$7 \notin \mathbb{N}_g$ Lies: 7 **ist kein Element** der Menge der natürlichen geraden Zahlen.

Beispiel: Setze $\in, \notin$!

3 ___ $\mathbb{N}$	3 ist eine natürliche Zahl: $3 \in \mathbb{N}$
0 ___ $\mathbb{N}_u$	0 ist keine ungerade natürliche Zahl: $0 \notin \mathbb{N}_u$
124 ___ $\mathbb{N}_g$	124 ist eine gerade natürliche Zahl: $124 \in \mathbb{N}_g$
79 ___ $\mathbb{N}_u$	79 ist eine ungerade natürliche Zahl: $79 \in \mathbb{N}_u$

Bei einer **ungeraden Zahl** steht an der Einerstelle 1, 3, 5, 7, 9.
Bei einer **geraden Zahl** steht an der Einerstelle 0, 2, 4, 6, 8.

Mengen können auch anders entstehen,
z. B.: Menge der Vielfachen von 5: $V_5 = \{5, 10, 15, 20, 25, ...\}$
Menge der zweistelligen Zahlen mit der Einerstelle 7:
$E = \{17, 27, 37, 47, 57, 67, 77, 87, 97\}$

Mengen werden immer mit Großbuchstaben bezeichnet. Du kannst dir aussuchen, welchen Buchstaben du verwenden möchtest.

Aber: $\mathbb{N}$ ... steht immer für die Menge der natürlichen Zahlen, $\mathbb{N}$ hat einen Doppelstrich.

Ziffer – Zahl – Stellenwert

Unsere Zahlen werden aus den zehn **Ziffern** 0, 1, 2, 3, 4, 5, 6, 7, 8, 9 gebildet.
Jede Ziffer in einer Zahl hat auch einen **Stellenwert.**

3 759 besteht aus den Ziffern 3, 7, 5 und 9.

3 7 5 9 = 3T 7H 5Z 9E
T H Z E

Lies: 3 Tausender 7 Hunderter 5 Zehner 9 Einer
3 steht an der Tausenderstelle, 7 an der Hunderterstelle, 5 an der Zehnerstelle, 9 an der Einerstelle.

Man sagt, 3 759 ist eine vierstellige Zahl.

Mengen und Elemente

1 Setze $\in$ bzw. $\notin$!

a) 125 $\mathbb{N}$ b) 813 $\mathbb{N}_g$ c) 1979 $\mathbb{N}_u$ d) 4 966 $\mathbb{N}_g$

2 199 ist Element der Menge

☐ $\mathbb{N}$ ☐ $\mathbb{N}_u$ ☐ $\mathbb{N}_g$

3 236 ist Element der Menge

☐ $\mathbb{N}$ ☐ $\mathbb{N}_u$ ☐ $\mathbb{N}_g$

4 16 ist Element der Vielfachenmenge

☐ V_2 ☐ V_3 ☐ V_4

5 Welche zwei Zahlen sind Elemente der Menge V_6?

☐ 4 ☐ 6 ☐ 8 ☐ 10 ☐ 12

6 a) Gib die Vielfachenmenge V_8 an!

b) Gib die Vielfachenmenge V_{10} an!

7 Gib die Menge aller zweistelligen Zahlen mit der Zehnerziffer 4 an!

8 Gib die Menge aller dreistelligen Zahlen an, die man mit der Ziffer 2, 4, 5 bilden kann, wobei jede Ziffer nur einmal vorkommen darf!

9 Gib die Menge aller vierstelligen Zahlen an, die man mit der Ziffer 0, 1, 3, 5 bilden kann, wobei jede Ziffer nur einmal vorkommen darf!

10 Beschreibe die Menge in Worten!

a) $\{4, 8, 12, 16, 20, 24, ...\}$

b) $\{11, 22, 33, 44, 55, ...\}$

c) $\{0, 2, 4, 6, 8, 10, ...\}$

d) $\{18, 28, 38, 48, 58, 68, 78, 88, 98\}$

Nachfolger:
die nächstgrößere natürliche Zahl, sie ist um 1 größer
z. B.: 27 ist Nachfolger von 26
1 232 ist Nachfolger von 1 231

Vorgänger:
die um 1 kleinere Zahl
z. B.: 15 ist Vorgänger von 16
999 ist Vorgänger von 1 000

Beispiel: Gib den Vorgänger und den Nachfolger der Zahl an!

25	Vorgänger: 24	Nachfolger: 26
100	Vorgänger: 99	Nachfolger: 101
999	Vorgänger: 998	Nachfolger: 1 000

Beispiel: Addiere den Vorgänger und den Nachfolger der Zahl und dividiere das Ergebnis durch 2. Welche Zahl erhältst du?

a) 25 — Vorgänger: 24 — Nachfolger: 26
$24 + 26 = 50$ — $50 : 2 = 25$

b) 100 — Vorgänger: 99 — Nachfolger: 101
$99 + 101 = 200$ — $200 : 2 = 100$

c) 253 — Vorgänger: 252 — Nachfolger: 254
$252 + 254 = 506$ — $506 : 2 = 253$

Du erhältst immer die Ausgangszahl.

Ordnen von natürlichen Zahlen

Man kann feststellen, welche von zwei verschiedenen Zahlen die größere ist.
z. B.: $7 > 5$, $3 < 9$

- Es gibt zu jeder natürlichen Zahl einen Nachfolger.
- Da jede natürliche Zahl einen Nachfolger hat, gibt es keine größte natürliche Zahl (du kannst immer die nächstgrößere Zahl finden).
- Jede natürliche Zahl außer 0 hat einen Vorgänger.

Beispiel: Ordne der Größe nach, beginne mit der kleinsten Zahl!

2, 5, 3 — $2 < 3 < 5$ — 3 liegt zwischen 2 und 5
Wenn man das Ergebnis mit Hilfe des „<“-Zeichens (< ... kleiner) anschreibt, so spricht man von einer **Ordnungskette**.

101, 99, 97, 100 — Ordnungskette: $97 < 99 < 100 < 101$

222, 112, 212, 201, 122, 221 — Ordnungskette: $112 < 122 < 201 < 212 < 221 < 222$

Anmerkung: Man spricht auch von einer Ordnungskette, wenn man mit der größten Zahl beginnt und das „>“-Zeichen (> ... größer) verwendet. Z. B.: $101 > 100 > 99 > 97$

Ordnen von natürlichen Zahlen

1 Verbinde die Zahl mit ihrem Vorgänger und Nachfolger!

1 999 1 700 2 001 1 699

1 199 1 200 1 550

1 198

1 548 1 701 1 549

2 000

Schreib die Zahl mit ihrem Vorgänger und ihrem Nachfolger als Ordnungskette an!

2 Gib den Vorgänger der a) kleinsten zweistelligen, b) der kleinsten dreistelligen c) der kleinsten vierstelligen d) der kleinsten fünfstelligen Zahl an!

3 Gib den Nachfolger der a) größten zweistelligen, b) der größten dreistelligen c) der größten vierstelligen d) der größten fünfstelligen Zahl an!

4 Schreibe als Ordnungskette, beginne mit der kleinsten Zahl!

a) 1 011, 1 100, 1 001, 1 101, 1 000, 1 111

b) 6 888, 6 895, 6 988, 6 985, 6 859

5 Schreibe als Ordnungskette, beginne mit der größten Zahl!

a) 2 222, 2 022, 2 000, 2 200, 2 202, 2 002

b) 7 707, 7 077, 7 700, 7 007, 7 777

6 95 liegt zwischen 90 und 100. Kreuze sie an!
Welche zwei Ordnungsketten sind richtig?

☐ 100 < 95 < 90 ☐ 90 < 95 < 100

☐ 100 > 95 > 90 ☐ 90 > 95 > 100

7 Schreibe in Kurzform und verwende die Zeichen < bzw. >!

a) 13 liegt zwischen 10 und 15.

b) 323 liegt zwischen 320 und 330.

c) 508 ist größer als 475 und 475 ist größer als 450.

d) 89 ist kleiner als 101 und 101 ist kleiner als 156.

Große Zahlen lesen

Im Internet findest du folgende Angaben:

Die Erde ist von der Sonne 149 600 000 km, vom Mond 384 000 km entfernt.
Der Mond ist 4 527 000 000 Jahre alt.

Große Zahlen kommen häufig vor:

z. B.: in der Computerwelt
Größe einer Festplatte: 1 Terabyte = 1 000 000 000 000 Bytes
in der Wirtschaft
eine Firma hat 100 000 000 000 CD's verkauft
in der Geographie
Erdbevölkerung zu Beginn des Jahres 2014: 7 200 000 000 Menschen

Beispiel: Lies die Zahlen!

a) 23 705 (T) – Tausender
dreiundzwanzigtausendsiebenhundertfünf

b) 745 309 (T)
siebenhundertfünfundvierzigtausenddreihundertneun

c) 32 850 700 (M, T) – Millionen
zweiunddreißig Millionen achthundertfünfzigtausendsiebenhundert

d) 149 351 260 (M, T)
hundertneunundvierzig Millionen dreihunderteinundfünfzigtausendzweihundertsechzig

e) 7 324 591 821 (Md, M, T) – Milliarden
sieben Milliarden dreihundertvierundzwanzig Millionen fünfhunderteinundneunzigtausendachthunderteinundzwanzig

f) 32 951 772 364 502 (B, Md, M, T) – Billionen
zweiunddreißig Billionen neunhunderteinundfünfzig Milliarden siebenhundertzweiundsiebzig Millionen dreihundertvierundsechzigtausendfünfhundertzwei

Wenn du große Zahlen lesen möchtest, musst du immer 3 Ziffern zu „Dreierpaketen" zusammenfassen. Gehe dabei von der Einerstelle aus!

So sehen große Zahlen aus:

...	...	...	...	...
Billionen	Milliarden	Millionen	Tausender	

Tipp:
Wenn du die Zahlen in Dreierpaketen anschreibst, also zwischen den Einheiten etwas Platz lässt, erleichterst du dir das Zahlenlesen.

Beispiel: Fasse die Zahlen des obigen Textes zu Dreierpaketen zusammen und lies sie!

Entfernung Sonne – Erde:

149 600 000 km (M, T) — Lies: 149 Millionen 600 Tausend km

Entfernung Erde – Mond:

384 000 km (T) — Lies: 384 Tausend km

Alter des Mondes:

4 527 000 000 Jahre (Md, M, T) — Lies: 4 Milliarden 527 Millionen Jahre

1 Terabyte:

1 000 000 000 000 Bytes (B, Md, M, T) — Lies: 1 Billion Bytes

Verkaufte CD's:

100 000 000 000 verkaufte CD's (Md, M, T) — Lies: 100 Milliarden verkaufte CD's

Weltbevölkerung 2014:

7 200 000 000 Menschen (Md, M, T) — Lies: 7 Milliarden 200 Millionen Menschen

Das Dekadische Zahlensystem

Im Wort dekadisch steckt das Wort deka. Deka ist ein griechisches Wort und bedeutet übersetzt 10. Man kann sich das so vorstellen:
Wenn du zehn 1 €-Münzen hast, bekommst du einen 10 €-Schein.
Für zehn 10 €-Scheine bekommst du einen 100 €-Schein.

Also: zehn 1 € Münzen = 10 E
10 E = 1 Z
zehn 10 € Münzen = 10 Z
10 Z = 1 H

Stellenwerttafel

	Milliarden			Millionen			Tausender					
B	HMd	ZMd	Md	HM	ZM	M	HT	ZT	T	H	Z	E

Lies für
B ... Billion
HMd ... Hundertmilliarde, ZMd ... Zehnmilliarde, Md ... Milliarde
HM ... Hundertmillion, ZM ... Zehnmillion, M ... Million
HT ... Hunderttausender, ZT ... Zehntausender, T ... Tausender
H ... Hunderter, Z ... Zehner, E ... Einer

Diese Einheiten werden **dekadische Einheiten** genannt.
Die Verwandlungszahl zwischen benachbarten Einheiten ist immer 10.

Das Stellenwertsystem hört nicht mit Billionen auf, es gibt noch größere Einheiten.

Beispiel: Lies die Zahl 6 305 412 978 und füge sie dann in die Stellenwerttafel ein!

6 305 412 978
Md M T

Lies:

6 Milliarden

305 Millionen	3 Hundertmillionen	3 HM
	0 Zehnmillion	0 ZM
	5 Millionen	5 M
412 Tausend	4 Hunderttausender	4 HT
	1 Zehntausender	1 ZT
	2 Tausender	2 T
978	9 Hunderter	9 H
	7 Zehner	7 Z
	8 Einer	8 E

Md	HM	ZM	M	HT	ZT	T	H	Z	E
6	3	0	5	4	1	2	9	7	8

Tipp:
Lerne die dekadischen Einheiten von der kleinsten zur größten Einheit. Schreibe diese Einheiten öfters auswendig auf einen Zettel, beginne dabei rechts auf dem Blatt mit den Einern (E), schreibe also von rechts nach links.

Beispiel: Schreibe die Zahl 9 350 061 346 702 mit dekadischen Einheiten an!

	Milliarden			Millionen			Tausender					
9	3	5	0	0	6	1	3	4	6	7	0	2
B	HMd	ZMd	Md	HM	ZM	M	HT	ZT	T	H	Z	E

9 350 061 346 702 = 9 B 3 HMd 5 ZMd 6 ZM 1 M 3 HT 4 ZT 6 T 7 H 2 E

Beachte: Wenn die Ziffer 0 ist, wird die dekadische Einheit nicht angegeben.

Beispiel: Schreibe die Zahl ohne dekadische Einheiten an! Lies die Zahl!

3 Md 5M 7 HT 2 ZT

Beginne mit der kleinsten Einheit = E und gehe alle Einheiten bis zur Milliarde durch.

3	.	.	5	7	2	.	.	.	.
Md	HM	ZM	M	HT	ZT	T	H	Z	E

Die fehlenden Einheiten, die in der Zahl bis zur Million fehlen, musst du mit 0 anschreiben:

3 Md 0 HM 0 ZM 5M 7 HT 2 ZT 0 T 0 H 0 Z 0 E = 3 005 720 000

Lies: 3 Milliarden 5 Millionen 720 Tausend

Dekadische Einheiten

1 Schreibe die Zahl ohne Angabe der dekadischen Einheiten!

a) 5 ZT 3 T 7H 8 E =
b) 6 T 3 Z 2 E =
c) 8 M 5 HT 7 ZT 8 H 8 Z 5 E =
d) 2 Md 5 HM 3 M 1 HT 9 ZT 3 T =
e) 8 HT 7 ZT 5 Z =
f) 9 Md 8 ZM 5 M 7 HT 5 Z =
g) 3 B 6 HMd 2 ZMd 3 M 2 HT =
h) 7 ZMd 5 Md 3 M 8 HT =
i) 1 ZMd 6 M =
j) 8 B 6 HMd 5 ZMd 9 Md 5 HM =

2 Schreibe die Zahl mit Hilfe der dekadischen Einheiten an!

a) 62 890 =
b) 89 235 670 =
c) 8 956 000 =
d) 121 305 567 =
e) 5 623 897 652 =
f) 2 360 895 203 =
g) 7 895 321 500 000 =
h) 3 609 305 275 515 =

3 Wie lautet die Zahl? Schreibe sie zunächst mit dekadischen Einheiten an!

a) $3 \cdot 1\,000 + 5 \cdot 100 + 9 \cdot 10 + 1 \cdot 1 =$

b) $4 \cdot 100\,000 + 7 \cdot 1\,000 + 2 \cdot 100 + 5 \cdot 10 =$

c) $2 \cdot 1\,000\,000 + 8 \cdot 100\,000 + 3 \cdot 10\,000 + 1 \cdot 1\,000 + 5 \cdot 100 + 4 \cdot 10 + 7 \cdot 1 =$

4 Lies die Zahl 604 275!

Welche Zahl entsteht aus dieser Zahl,

a) wenn man eine Null anhängt?

b) wenn man zwei Nullen anhängt?

c) wenn man zwischen 2 und 7 eine Null einfügt?

d) wenn man zwischen 4 und 2 zwei Nullen einfügt?

Lies die entstandenen Zahlen!

5 Welche Zahlen gehören zusammen? Verbinde!

5 000 000 000	fünfhunderttausend
500 000 000	fünfzig Milliarden
500 000	fünfzig Millionen
50 000 000 000	fünf Milliarden
50 000 000	fünfhundert Millionen

Strahl – Zahlenstrahl

Ein **Strahl** ist eine gerade Linie, die einen Anfangspunkt, aber keinen Endpunkt hat.
z. B. Sonnenstrahl (Anfangspunkt = Sonne, kein Ende)

Zahlenstrahl

Ein Strahl, auf dem Zahlen eingezeichnet werden, heißt Zahlenstrahl.

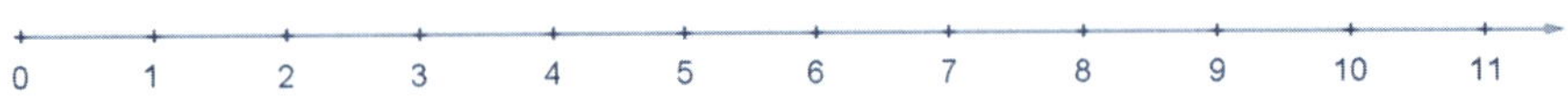

$\overline{01}$ ... Einheit

Ein Zahlenstrahl eignet sich zum Einzeichnen von natürlichen Zahlen, weil

1. die kleinste natürliche Zahl 0 ist. Die natürlichen Zahlen haben ihren Beginn bei 0.
2. es keine größte natürliche Zahl gibt. Der Zahlenstrahl hat kein Ende.

Beispiel:

a) Zeichne auf einem Zahlenstrahl die Zahlen 2, 5, 7, 9, 11 ein!

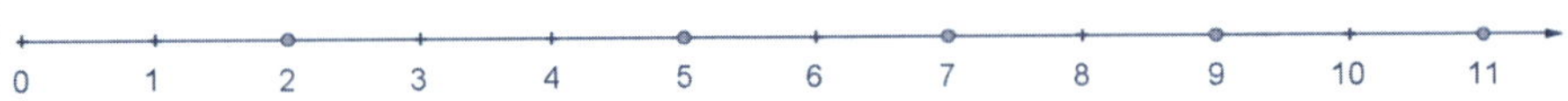

Einheitsstrecke $\overline{01} = 1\,cm$

b) Zeichne auf einem Zahlenstrahl die Zahlen 10, 25, 43, 58, 70 ein!

Um größere Zahlen einzeichnen zu können, muss man die Einheit ändern.
Hier wird die Länge von 0 bis 10 mit 1 cm angenommen.

c) Zeichne auf einem Zahlenstrahl die Zahlen 174, 178, 180, 183 ein!

Der Zahlenstrahl muss nicht immer von 0 weg gezeichnet werden, manchmal genügt auch ein Teil des Zahlenstrahls.

d) Zeichne auf einem Zahlenstrahl die Zahlen 1 000, 1 500, 1 650, 1 850 ein!

1 650 liegt in der Mitte zwischen 1 600 und 1 700,
1 850 liegt in der Mitte zwischen 1 800 und 1 900.

Beispiel: Welche Zahlen sind auf dem Zahlenstrahl markiert?

Markierung bei

4, 12, 18, 21, 27

375, 450, 525, 625, 700, 750

Zahlenstrahl

1 Zeichne auf dem Zahlenstrahl die Zahlen 17, 22, 28, 29, 33, 36, 40 ein!

2 Zeichne auf dem Zahlenstrahl die Zahlen 8, 23, 37, 40, 55, 64, 75, 78, 83, 87, 96 ein!

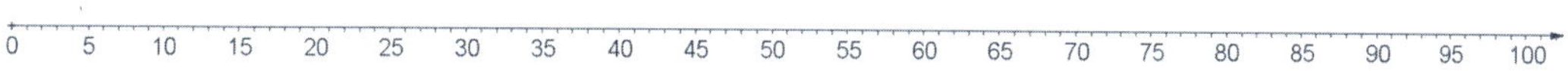

3 Zeichne auf einem Zahlenstrahl die Zahlen 130, 170, 185, 255, 305, 375, 415, 480 ein!

4 Zeichne auf einem Zahlenstrahl die Zahlen 750, 1 500, 2 250, 3 000, 5 750, 6 750 ein!

5 Wähle einen geeigneten Zahlenstrahl und markiere die Punkte
3, 5, 8, 9, 12, 15!

6 Wähle einen geeigneten Zahlenstrahl und markiere die Punkte
25, 40, 45, 55, 60, 75, 80, 85, 100!

7 Wähle einen geeigneten Zahlenstrahl und markiere die Punkte
10 000, 15 000, 25 000, 30 000, 40 000, 45 000, 55 000!

Runden von natürlichen Zahlen

Wenn man eine Zahl rundet, dann muss es einen Stellenwert geben, auf den gerundet wird oder die Rundung muss sinnvoll sein.

Zum Beispiel:
Luftlinie von Salzburg nach Wien: 252 km   Näherungswert (gerundeter Wert): 250 km
Man schreibt: 252 km ≈ 250 km   Lies 252 km **rund** 250 km. Es wurde **abgerundet**.

Straßenentfernung von Salzburg nach Wien: 297 km

297 km ≈ 300 km Es wurde **aufgerundet**.

Beim **Runden** gibt immer die nächstkleinere Stelle (das ist die nächste Ziffer) an, ob abgerundet oder aufgerundet wird.

Steht an der nächstkleineren Stelle **0, 1, 2, 3** oder **4**, wird **abgerundet**,
bei **5, 6, 7, 8** oder **9** wird **aufgerundet**.

Rundungsfehler (RF):
Unterschied zwischen dem genauen Wert und dem gerundeten Wert.

Beispiel:

a) Luftlinie Salzburg – Wien 252 km ≈ 250 km (Z)
Wenn man die Zahl auf Z rundet, gibt die Einerstelle an, ob auf- oder abgerundet wird.
$25\underline{2}$ an der E-Stelle ist 2, bei 2 wird abgerundet
Z↓
Die gerundete Zahl ist 250. Der Rundungsfehler beträgt 2 km.

b) Straßenentfernung Salzburg – Wien 297 km ≈ 300 km (Z)
Wenn man die Zahl auf Z rundet, gibt die Einerstelle an, ob auf- oder abgerundet wird.
$29\underline{7}$ an der E-Stelle ist 7, bei 7 wird aufgerundet
Z↑
Die gerundete Zahl ist 300. Der Rundungsfehler beträgt 3 km.

c) Ist es sinnvoll, beide Zahlen auf Hunderter zu runden?
252 km ≈ 300 km (H)   297 km ≈ 300 km (H)
Beim Runden auf Hunderter ist das Ergebnis gleich. Die Luftlinie ist aber immer kürzer als die Straßenkilometer, das Runden auf H ist nicht sinnvoll.

Beispiel: Runde die Berghöhen auf Hunderter und gib den Rundungsfehler an!

Mount Everest	8 850 m
Mont Blanc	4 807 m
Großglockner	3 798 m

Mount Everest $8\ 8\underline{5}0$ m ≈ 8 900 m   RF: 50 m
H↑ an der Z-Stelle 5 ⇒ auf 9 H aufrunden

Mont Blanc $4\ 8\underline{0}7$ m ≈ 4 800 m   RF: 7 m
H↓ an der Z-Stelle 0 ⇒ auf 8 H abrunden

Großglockner $3\ 7\underline{9}8$ m ≈ 3 800 m   RF: 2 m
H↑ an der Z-Stelle 9 ⇒ auf 8 H aufrunden

Runden von natürlichen Zahlen

1 Runde die Zahl auf die gegebene dekadische Einheit und gib den Rundungsfehler an!

a) 715 (H)   b) 238 (Z)   c) 1 412 (H)

d) 4 389 (Z)   e) 25 354 (H)   f) 52 849 (T)

2 Die 5 EU-Länder mit der größten Fläche sind:

Frankreich	543 965 km^2	≈
Spanien	504 645 km^2	≈
Schweden	438 576 km^2	≈
Deutschland	357 168 km^2	≈
Finnland	338 432 km^2	≈

Runde die Flächen auf Tausender!

3 Die 5 EU-Länder mit den meisten Einwohnern sind:

Deutschland	81 147 265	≈
Frankreich	65 951 611	≈
Großbritannien	63 395 574	≈
Italien	61 482 297	≈
Spanien	47 370 542	≈

Runde die Bevölkerungszahl auf Hunderttausender!

4 Runde die Einwohnerzahlen der 10 größten Städte Österreichs auf Tausender!

		gerundet			gerundet
Wien	1 765 649		Klagenfurt	96 640	
Graz	269 997		Villach	60 004	
Linz	193 814		Wels	59 339	
Salzburg	146 631		St. Pölten	52 145	
Innsbruck	124 579		Dornbirn	46 883	

Die römischen Zahlen

Die Römer verwendeten Buchstaben zum Anschreiben von Zahlen:
I = 1 V = 5 X = 10 L = 50 C = 100 D = 500 M = 1 000

1	I	6	VI	10	X	60	LX	100	C	600	DC
2	II	7	VII	20	XX	70	LXX	200	CC	700	DCC
3	III	8	VIII	30	XXX	80	LXXX	300	CCC	800	DCCC
	IV		IX		XL		XC		CD		CM
	V		X		L		C		D		M

Beachte:

- Verwende nie mehr a [illegible] (3 gleiche Buchstaben) hintereinander.
- Wenn das Zeichen für eine kleinere Za [illegible] er größeren Zahl steht, werden die Zahlen zusammengezählt [illegible]
- Wenn das Zeichen für eine kleinere Zah [illegible] größeren Zahl steht, wird die kleinere von der größeren abgezo [illegible]

Beispiel: Schreibe mit römischen Zahlen:

a) 1 849

1 849 = 1 000 + 800 + 40 + 9 Zerlege die Zahl!
M DCCC XL IX Setze die Zeichen ein!

1 849 = MDCCCXLIX

b) 99 = 90 + 9 Zerlege die Zahl!
XC IX Setze die Zeichen ein!

99 = XCIX

c) 479 = 400 + 70 + 9 Zerlege die Zahl!
CD LXX IX Setze die Zeichen ein!

479 = CDLXXIX

Tipp: Zerlege die Zahl, bevor du die Zeichen einsetzt.

Beispiel: Schreib die Zahl mit arabischen Ziffern!

a) MDCXLIII Überlege, ob die Zeichen von der größten bis zur kleinsten Zahl geordnet sind, oder ob eine kleinere vor einer größeren Zahl steht!

MDCXLIII X steht vor L, also wird X von L subtrahiert
X vor L = 50 – 10 = 40

1 000 + 500 + 100 + 40 + 3 = 1 643

MDCXLIII = 1 643

b) MCMLXIX MCMLXIX CM = M – C = 900, IX = X – I = 9

1 000 + 900 + 50 + 10 + 9 = 1 969

MCMLXIX = 1 969

Tipp: Schau immer, ob eine kleinere vor einer größeren Einheit steht, in diesem Fall musst du die kleinere von der größeren Zahl subtrahieren.

Römische Zahlen

1 Schreibe die Zahl mit arabischen Ziffern!

a) MCCXLIII b) CMIX c) MMXIV

d) MMMDXLIX e) MCMXLVII f) MCMXCI

g) MDCCLXXIV h) DXCIX i) MCXXVI

---

2 Schreibe mit römischen Zahlzeichen!

a) 225 b) 349 c) 512

d) 735 e) 1 958 f) 3 449

g) 192 h) 2 100 i) 698

---

3 Welche Zahlen gehören zusammen? Verbinde!

MDXXI 773 1 521 DCCLXXIII 2 019

252 MMXIX 1 766 MDCCLXVI CCLII

---

4 Schreibe Geburtsjahr und Strebejahr mit arabischen Ziffern an und berechne jeweils das erreichte Lebensalter!

Franz Joseph I (österreichischer Kaiser) MDCCCXXX – MCMXVI

Joseph Haydn (österreichischer Komponist) MDCCXXXII – MDCCCIX

Lise Meitner (österreichische Naturwissenschaftlerin) MDCCCLXXVIII – MCMLXVIII

Gustav Klimt (österreichischer Maler) MDCCCLXII – MCMXVIII

Maria Theresia (österreichische Herrscherin) MDCCXVII – MDCCLXXX

Wolfgang Pauli (österreichischer Physiker) MCM – MCMLVIII

---

5 Vergleiche das Alter der beiden Persönlichkeiten! Wer wurde um wie viele Lebensjahre älter?

Johann Wolfgang von Goethe MDCCXLIX – MDCCCXXXII

Ludwig van Beethoven MDCCLXX – MDCCCXXVII

Addieren

Addieren heißt zusammenzählen!

Formel: $a + b = c$

Begriffe: a + b = c
Summand plus **Summand** ist gleich **Summe**

Beispiel:

T	H	Z	E
	4	2	6
+ 2	0	7	1
2	4	9	7

Du kannst auch in der Zeile addieren.

7 2 5 + 1 3 1 4 + 8 1 2 = 2 8 5 1
HZE THZE HZE THZE

Beginne mit der Addition der Einer, dann Zehner, usw.

Tipp: Hake die schon berücksichtigten Ziffern ab!

4 578 + 1 237 + 405 = 6 220
✓✓✓✓ ✓✓✓✓ ✓✓✓

Beispiel: Berechne die Summe der Zahlen 973 und 645!

973
645
1 618

Die Summe der Zahlen beträgt 1 618.

Beispiel: Addiere zur größten dreistelligen Zahl die kleinste dreistellige Zahl, die man mit den Ziffern 3, 8 und 5 bilden kann!

größte Zahl: 853
kleinste Zahl: 358

853 + 358 = 1 211
Das Ergebnis lautet 1 211.

Beispiel: Berechne

a) 45 + 0 = 45 b) 156 + 0 = 156 c) 0 + 23 = 23 d) 0 + 892 = 892

Wenn man **zu einer Zahl null addiert**, erhält man wieder die **gleiche Zahl:** $a + 0 = a$

Beispiel: Wie lautet die Summe der Zahlen 547 und 3 294?

547
3 294
3 841

Du kannst aber auch rechnen:

3 294
547
3 841

Bei der **Addition** kann man die **Summanden** immer **vertauschen**, die Summe bleibt gleich.
Es gilt das **Vertauschungsgesetz** (**Kommutativgesetz**) der Addition: $a + b = b + a$

Das Vertauschungsgesetz kann durch Addieren von Streckenlängen auf dem Zahlenstrahl veranschaulicht werden.

Addiere zum Beispiel Strecken mit der Länge 5 cm und 2 cm.

5 + 2 = 7
2 + 5 = 7

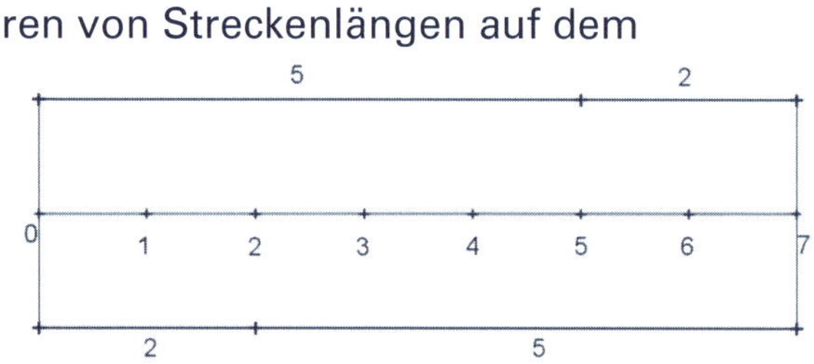

Addieren

1 Addiere!

a)
```
  3 256
  1 507
  2 934
```
b)
```
 27 383
  3 450
  8 759
```
c)
```
 43 224
  9 113
  2 537
```
d)
```
 23 232
 12 208
 56 709
```
e)
```
321 456
 89 243
 70 634
 35 058
```

2 Addiere in der Zeile!

a) 225 + 3 456 =

b) 3 789 + 12 673 =

c) 58 789 + 23 678 =

d) 123 234 + 356 127 =

e) 1 958 + 1 950 + 1 994 =

f) 89 562 + 2 897 + 21 456 =

g) 12 356 + 8 105 + 2 781 =

h) 1 991 + 1 304 + 2 323 + 357 =

3 Berechne zuerst die Summen in den Zeilen und dann in den Spalten und dann auf zwei Arten die Gesamtsumme!

a) 34 + 57 + 58 =
85 + 29 + 62 =
13 + 78 + 54 =
+ + =

b) 2 897 + 3 452 + 4 361 =
735 + 1 825 + 2 757 =
4 328 + 5 252 + 578 =
+ + =

4 Das Wiener Ernst Happel Stadion hat 3 Ränge, die in 6 Sektoren aufgeteilt sind. Bestimme die Anzahl der Zuschauer in den einzelnen Rängen und in den einzelnen Sektoren. Wie viel Zuschauer fasst das Ernst Happel Stadion?

Sektor / Rang	A	B	C	D	E	F	
1. Rang	1 205	1 009	1 237	1 210	1 710	1 233	
2. Rang	2 769	5 105	2 749	2 770	5 175	2 754	
3. Rang	2 779	3 300	3 032	3 031	4 715	2 780	

Tipp: Übe immer wieder das Kopfrechnen!

5 Gehe von der Zahl 5 aus, addiere immer 7, bis du die erste Zahl größer 50 erhältst! Welche Zahlen kommen bei deiner Rechnung vor? Kreuze an!

☐ 31 ☐ 33 ☐ 42 ☐ 52 ☐ 54

6 Gehe von der Zahl 10 aus und addiere immer 12. Wie lautet die größte zweistellige Zahl, die du erhältst?

Klammerregel

Beispiel: Berechne $348 + 55 + 45 =$

$348 + 55 + 45 = 448$
✓✓✓ ✓✓ ✓✓

Schneller und einfacher kommst du zum Ergebnis, wenn du zuerst $55 + 45 = 100$ rechnest und das Ergebnis zu 348 addierst.

Um auszudrücken, dass man die Reihenfolge ändert, muss man **Klammern** setzen.

$348 + (55 + 45) = 348 + 100 = 448$

Klammerregel:
Was in Klammern steht, wird **zuerst** gerechnet.

Berechne: $12 + 18 + 22 =$

Du kannst in der Zeile rechnen: $12 + 18 + 22 = 52$

oder: $(12 + 18) + 22 = 30 + 22 = 52$

oder: $12 + (18 + 22) = 12 + 40 = 52$

Das Ergebnis ist immer gleich.

$12 + 18 + 22 = (12 + 18) + 22 = 12 + (18 + 22) = 52$

Beim Addieren von mehreren Summanden darf man diese zu **beliebigen Teilsummen** zusammenfassen:

$a + b + c = (a + b) + c = a + (b + c)$

Dieses Gesetz heißt
Verbindungsgesetz (Assoziativgesetz) **der Addition**

Auch das Verbindungsgesetz kann durch Addieren von Streckenlängen auf dem Zahlenstrahl veranschaulicht werden.

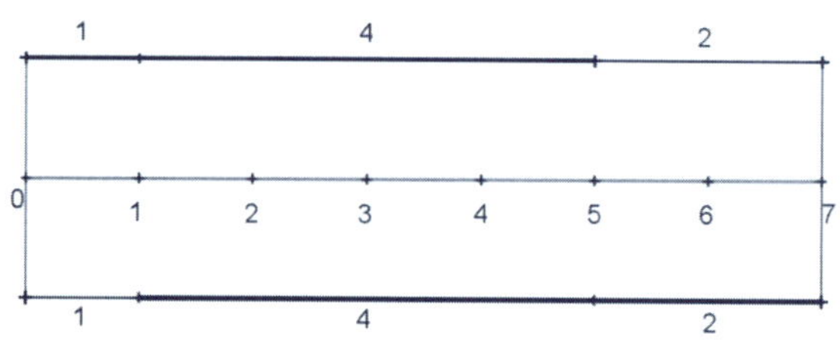

Addiere zum Beispiel Strecken mit der Länge 1 cm, 4 cm und 2 cm.

$(1 + 4) + 2 = 7$

$1 + (4 + 2) = 7$

Beispiel: Berechne unter Verwendung der Klammerregel!

a) $183 + (75 + 25) =$
$= 183 + \quad 100 \quad = 283$

b) $258 + (567 + 236) + (167 + 96) =$
$= 258 \quad + \quad 803 \quad + \quad 263 = 1324$

Beispiel: Berechne vorteilhaft und gib das Gesetz an, das du verwendest!

$15 + 27 + 85 + 73 =$

$= 15 + 85 + 27 + 73 =$ Vertauschungsgesetz

$= (15 + 85) + (27 + 73) =$ Verbindungsgesetz

$= 100 + 100 = 200$

Subtrahieren

Subtrahieren heißt abziehen!

Formel: $a - b = c$

Begriffe: a – b = c
Minuend minus **Subtrahend** ist gleich **Differenz**

Beispiel:

	T	H	Z	E
	2	3	6	6
–	1	2	7	4
	1	0	9	2

Du kannst diese zwei Zahlen auch in der Zeile subtrahieren: 2 366 – 1 274 = 1 092
✓ ✓✓✓ ✓ ✓✓✓

Beginne mit den Einern.
Tipp: Hake die schon gerechneten Ziffern ab!

Beispiel: Berechne die Differenz der Zahlen 258 und 125!
258 – 125 = 133 Die Differenz der Zahlen beträgt 133.

Beispiel: Subtrahiere die kleinste dreistellige Zahl von der größten dreistelligen Zahl, die man mit den Ziffern 5, 2 und 6 bilden kann!
größte Zahl: 652
kleinste Zahl: 256
652 – 256 = 396
Das Ergebnis lautet 396.

Beispiel: Berechne!
a) 56 – 0 = 56 b) 189 – 0 = 189 c) 67 – 67 = 0 d) 134 – 134 = 0

Wenn man **von einer Zahl null subtrahiert**, so erhält man **wieder die gleiche Zahl**.
Jede **Zahl minus der gleichen Zahl** ergibt **null**.

Beispiel:
a) Subtrahiere 985 von 1 370!
b) Wie ändert sich die Differenz, wenn der Minuend um 20 verringert wird?
c) Wie ändert sich Differenz, wenn der Subtrahend um 20 vergrößert wird?
d) Addiere zum Minuenden und zum Subtrahenden die Zahl 10.
Was passiert dann mit der Differenz?

a) 1 370 – 985 = 385
b) um 20 verringerter Minuend: 1 370 – 20 = 1 350
1 350 – 985 = 365
Wird der Minuend um 20 verringert, dann verringert sich auch die Differenz um 20.
c) um 20 vergrößerter Subtrahend: 985 + 20 = 1 005
1 370 – 1 005 = 365
Wird der Subtrahend um 20 vergrößert, dann verringert sich die Differenz um 20.
d) um 10 vergrößerter Minuend: 1380, um 10 vergrößerter Subtrahend: 995
1 380 – 995 = 385
Werden Minuend und Subtrahend um 10 vergrößert, bleibt die Differenz gleich.

Zusammenhang Addieren und Subtrahieren

$35 \xrightarrow{+8} 43 \xrightarrow{-8} 35$

Wird eine Zahl addiert und dann dieselbe Zahl subtrahiert, so erhält man die Ausgangszahl.

$35 \xrightarrow{-8} 27 \xrightarrow{+8} 35$

Wird eine Zahl subtrahiert und dann dieselbe Zahl addiert, so erhält man die Ausgangszahl.

Addieren und Subtrahieren sind entgegengesetzte Rechnungsarten.

Probe für die Subtraktion

3 567 − 2 958 = 609 Probe: 609 + 2 958 = 3 567

Differenz + Subtrahend = Minuend

Deine Subtraktion kannst du mit einer Addition kontrollieren.

Subtraktion von mehreren Zahlen

Beispiel: Berechne vorteilhaft!

$$6\,874 - 1\,542 - 978 - 2\,615 =$$
$$= 6\,874 - \underbrace{(1\,542 + 978 + 2\,615)}_{} =$$
$$= 6\,874 - 5\,135 =$$
$$= 1\,739$$

Statt mehrere Zahlen hintereinander zu subtrahieren, kann man diese Zahlen zuerst addieren und von der Ausgangszahl abziehen. Anschreiben mit Klammern. In Klammer stehen die Zahlen, die man zuerst addieren muss.

Addition und Subtraktion von mehreren Zahlen

Beispiel: Berechne vorteilhaft!

$$4\,916 - 1\,736 + 815 + 1\,640 - 2\,906 - 412 =$$
$$= (4\,916 + 815 + 1\,640) - (1\,736 + 2\,906 + 412) =$$
$$= 7\,371 - 5\,054 =$$
$$= 2\,317$$

In der ersten Klammer steht die 1. Zahl und alle Zahlen, die addiert werden. In der zweiten Klammer werden alle Subtrahenden angeschrieben. Addiere die Zahlen in den Klammern. Subtrahiere dann die beiden Ergebnisse.

Beispiel: Berechne

$$(8\,976 - 3\,425) - (6\,419 - 5\,048) + (7\,351 + 891) =$$
$$= 5\,551 - 1\,371 + 8\,242 =$$
$$= 4\,180 + 8\,242 =$$
$$= 12\,422$$

In diesem Beispiel gibt es bereits in der Angabe Klammern, es gilt die Klammerregel.

Subtrahieren

1 Subtrahiere!

a) $\begin{array}{r} 871 \\ -609 \\ \hline \end{array}$ b) $\begin{array}{r} 972 \\ -358 \\ \hline \end{array}$ c) $\begin{array}{r} 1\,701 \\ -1\,211 \\ \hline \end{array}$ d) $\begin{array}{r} 5\,987 \\ -4\,326 \\ \hline \end{array}$ e) $\begin{array}{r} 25\,895 \\ -19\,538 \\ \hline \end{array}$

2 Subtrahiere in der Zeile!

a) 356 – 298 = b) 2 658 – 2 190 = c) 45 897 – 38 567 =

d) 789 – 623 = e) 6 230 – 5 897 = d) 89 237 – 77 671 =

3 Setze die fehlenden Zahlen ein!

a) 53 + ☐ = 100 b) 256 + ☐ = 500 c) 8 563 + ☐ = 10 000

4 Ergänze auf den nächsten Zehntausender!

a) 12 568 b) 10 699 c) 34 892 d) 56 334 e) 78 311

5 Subtrahiere die kleinere von der größeren Zahl!

a) 121, 235 b) 1 238, 799 c) 2 020, 2 002 d) 23 456, 22 654

6 Subtrahiere von der größten dreistelligen Zahl, die sich mit den Ziffern 9, 3, 5 bilden lässt, die kleinste dreistellige Zahl, die aus denselben Ziffern besteht!

7 Subtrahiere 678 von der Differenz der Zahlen 7 835 und 4 523!

Tipp: Übe immer wieder das Kopfrechnen!

8 Gehe von der Zahl 80 aus, subtrahiere immer 6!
Welche Zahlen kommen bei deiner Rechnung vor? Kreuze an!

☐ 2 ☐ 20 ☐ 42 ☐ 60 ☐ 68

9 Gehe von der Zahl 100 aus und subtrahiere immer 8. Wie lautet die kleinste Zahl, die du erhältst? Kreuze an!

☐ 2 ☐ 4 ☐ 6

Zusammenhang Addieren – Subtrahieren

1 Berechne die Differenz und führe immer eine Probe durch!

a) 817 – 356 = b) 1 235 – 989 = c) 2 897 – 2 678 = d) 5 731 – 4 827 =

e) 12 456 – 6 987 = f) 21 567 – 17 911 = g) 23 058 – 2 033 = h) 45 721 – 9 576 =

---

2 Ergänze die fehlende Zahl und führe eine Probe durch!

a)	b)	c)	d)
835		5 823	
–	– 921	–	– 3 568
278	2 834	4 672	15 897

---

3 a) Welche Zahl musst du zu 256 addieren, um 831 zu halten?

b) Welche Zahl musst du von 8 952 subtrahieren, um 6 537 zu erhalten?

---

4 a) Welche Zahl ist um 985 kleiner als 2 643?

b) Welche Zahl ist um 9 345 größer als 6 271?

---

5 Von drei Zahlen ist die erste 903. Die zweite Zahl ist um 264 kleiner. Die dritte ist um 128 größer als die zweite Zahl. Wie lauten die Zahlen? Berechne auch die Summe dieser drei Zahlen!

---

6 Lena hat zum Geburtstag 70 € bekommen. Sie geht in ein Geschäft einer großen Modekette einkaufen. In ihrem Einkaufswagen hat sie ein T-Shirt um 12 €, Jeans um 25 €, ein Sweatshirt um 18 € und eine Fleece-Jacke um 32 €.

a) Kommt sie mit dem Geld aus?

b) Wenn nicht, was müsste sie weglassen, um mit dem mitgenommen Geld bezahlen zu können?

---

7 St. Pölten hat 52 145 Einwohnerinnen und Einwohner. In Dornbirn leben um 5 262 Personen weniger als in St. Pölten, in Steyr um 8 763 weniger als in Dornbirn. Wie viele Personen leben in Dornbirn bzw. in Steyr?

---

8 Michael und sein Freund Rupert machen mit den Eltern eine Bergtour. Michael startet bei der Bergstation der Raxbahn auf 1 547 m Seehöhe und geht zum Ottohaus, das auf 1 644 m Seehöhe liegt. Rupert geht von Mariazell aus (Seehöhe 868 m) und wandert auf die Mariazeller Bürgeralpe, die 1 267 m hoch ist, hinauf. Wer von beiden muss mehr Höhenmeter überwinden? Berechne die Differenz der Höhenmeter!

Klammerregel

1 Berechne vorteilhaft! Vertausche die Summanden und schreibe zunächst mit Klammer an, wie du rechnest!

a) $65 + 32 + 8 + 35 =$

b) $35 + 21 + 28 + 9 + 22 + 15 =$

c) $25 + 2\,788 + 75 + 212 =$

d) $3\,285 + 640 + 215 + 260 =$

---

2 Berechne!

a) $65 + (48 - 38) =$

b) $(183 - 63) + 267 =$

c) $56 - (84 - 44) =$

d) $789 - (219 - 194) =$

---

3 Wie lautet das Ergebnis?

a) $4\,578 - (653 + 1105 + 1675) =$

b) $(568 - 253) + (2\,895 - 1987) =$

c) $6\,904 - (1283 + 496) - (5\,389 - 3\,218) =$

---

4 Berechne vorteilhaft! Schreibe mit Klammern an!

a) $956 - 235 - 127 - 98 - 106 =$

b) $8\,629 - 3\,234 - 1615 - 1\,247 - 2\,156 =$

---

5 Auf einem Schild in einem Aufzug kann man lesen, dass 5 Personen oder 350 kg befördert werden dürfen. Admir benutzt mit seinen Eltern und den beiden Schwestern den Aufzug. Sein Vater wiegt 92 kg, die Mutter 63 kg und die beiden Schwestern 56 kg und 48 kg. Er selbst wiegt 44 kg.
Wie viel kg Gepäck dürften sie im Aufzug noch mitnehmen?

---

6 Addiere die Summe der Zahlen 283 und 27 zur Differenz der Zahlen 198 und 56. Schreibe die Rechnung auch mit Klammern an!

---

7 Subtrahiere die Differenz der Zahlen 319 und 158 von 500! Schreibe die Rechnung auch mit Klammern an!

---

8 Subtrahiere die Differenz der Zahlen 895 und 635 von der Summe der Zahlen 437, 685 und 194! Schreibe die Rechnung auch mit Klammern an!

Multiplizieren

Multiplizieren heißt malnehmen!

Formel: $a \cdot b = c$

Begriffe: a · b = c
Faktor mal **Faktor** ist gleich **Produkt**

Beispiel: Berechne!

a) 578 · 7
4 046

b) 1314 · 5
6570

Beispiel: Berechne!
$12 + 12 + 12 + 12 = 4 \cdot 12 = 48$

Die **Addition gleicher Summanden** lässt sich durch eine **Multiplikation** ersetzen.

Berechne:
a) $12 \cdot 0 = 0$ b) $0 \cdot 24 = 0$ c) $0 \cdot 0 = 0$

Wenn man **eine Zahl mit null multipliziert**, erhält man **immer null.**

Multiplizieren mit dekadischen Einheiten und Vielfachen davon

Dabei werden einfach so viele Nullen an die Zahl angehängt, wie der zweite Faktor hat!

Beispiel:
$43 \cdot 10 = 430$
$4\,562 \cdot 100 = 456\,200$
$760 \cdot 1\,000 = 760\,000$
$24 \cdot 20 = (24 \cdot 2) \cdot 10 = 48 \cdot 10 = 480$
$321 \cdot 300 = (321 \cdot 3) \cdot 100 = 963 \cdot 100 = 96\,300$
$2\,241 \cdot 4\,000 = 8\,964\,000$

Multiplizieren mit mehrstelligen Zahlen

Beispiel: Berechne 234 · 24!

	234 · 24
234 · 20 =	4680
234 · 4 =	936
	5616

Kürzer:

234 · 24
468
 936
5616

Wenn du 0 nicht anschreibst, musst du in der nächsten Zeile um eine Stelle nach rechts rücken.

Überschlagsrechnung

Bei der Überschlagsrechnung werden die Faktoren durch Näherungswerte ersetzt. Es soll so gerundet werden, dass die Überschlagsrechnung leicht durchgeführt werden kann.

Beispiel: Berechne 247 · 38! Führe eine Überschlagsrechnung (Ü) durch!

247 · 38
741
 1976
9386

Ü: $247 \approx 200$ $38 \approx 40$
$200 \cdot 40 = 8\,000$

8 000 ist ein guter Näherungswert für das Ergebnis.

Ermitteln von Schranken

Um das Ergebnis einer Multiplikation zu überprüfen, kann man für das Ergebnis einen unteren Näherungswert (eine **untere Schranke**) bzw. einen oberen Näherungswert (eine **obere Schranke**) angeben.

Beispiel: Berechne 3 489 · 652! Gib zunächst ein untere und eine obere Schranke für das Ergebnis an!

3 489 liegt zwischen 3 000 und 4 000.
652 liegt zwischen 600 und 700.

untere Schranke für das Ergebnis:
3 000 · 600 = 1 800 000

obere Schranke für das Ergebnis:
4 000 · 700 = 2 800 000

Für das gesuchte Produkt muss gelten:
1 800 000 < 3 489 · 652 < 2 800 000

```
3 489 · 652
20934
 17445
   6978
2274828
```

Es gilt:
1 800 000 < 2 274 828 < 2 800 000

Rechnen mit Einservorteil

Diese Rechenform ist nur eine Hilfe, damit es schneller geht.

Beispiel:
```
437 · 12
     874
    5244
```

Das Ergebnis der Multiplikation mit 1 steht schon in der ersten Zeile, du musst nur noch 437 mit 2 multiplizieren und addieren.

Ohne Einservorteil hätte man so rechnen müssen:
```
437 · 12
437
  874
5244
```

Beispiel: Berechne mit dem Einservorteil! Mache vorher eine Überschlagsrechnung!

a) 1 465 · 16

Ü: 1 500 · 20 = 30 000
```
1465 · 16
    8790
   23440
```

b) 3 482 · 114

Ü: 3 500 · 100 = 350 000
```
3482 · 114
  3482
   13928
  396948
```

Weglassen der Nullzeile

Beispiel: Berechne 7 633 · 604! Mache vorher eine Überschlagsrechnung!

Ü: 8 000 · 600 = 4 800 000

```
7633 · 604
45798
   0000
    30532
4610332
```

```
7633 · 604
45798
    30532
4610332
```

Nullzeilen musst du nicht anschreiben. Du musst dafür um eine weitere Stelle nach rechts rücken.

Rechengesetze beim Multiplizieren

Bei der **Multiplikation** kann man die **Faktoren** immer **vertauschen**, das Produkt bleibt gleich. Es gilt:

$a \cdot b = b \cdot a$ **Vertauschungsgesetz** (**Kommutativgesetz KG**) der Multiplikation

Beispiel: Berechne vorteilhaft!

a) $4 \cdot 835$ Es ist vorteilhaft, die Faktoren zu vertauschen, die Rechnung wird kürzer.

$835 \cdot 4$ Du hast das KG der Multiplikation angewandt.
3340

b) $17 \cdot 4562$ Es ist vorteilhaft, die Faktoren zu vertauschen, die Rechnung wird einfacher.

$4562 \cdot 17$ Du hast das KG der Multiplikation angewandt.
31934
77554

Beim Multiplizieren von mehreren Faktoren darf man diese zu **beliebigen Teilprodukten** zusammenfassen:

$a \cdot b \cdot c = (a \cdot b) \cdot c = a \cdot (b \cdot c)$

Dieses Gesetz heißt **Verbindungsgesetz (Assoziativgesetz AG) der Multiplikation.**

Beispiel: Berechne vorteilhaft!

a) $7 \cdot 5 \cdot 8 \cdot 2$ Durch Vertauschen der Faktoren (KG) ergibt sich ein Rechenvorteil.

$7 \cdot 8 \cdot 5 \cdot 2$ Anwenden des AG (Zusammenfassen zu Teilprodukten)

$(7 \cdot 8) \cdot (5 \cdot 2) = 56 \cdot 10 = 560$

b) $25 \cdot 8 \cdot 4 =$
$= 25 \cdot 4 \cdot 8 = (25 \cdot 4) \cdot 8 = 100 \cdot 8 = 800$

c) $4 \cdot 6 \cdot 50 \cdot 5 =$
$= 4 \cdot 50 \cdot 6 \cdot 5 = (4 \cdot 50) \cdot (6 \cdot 5) = 200 \cdot 30 = 6\,000$

Textaufgaben

Beispiel:
Tobias fährt täglich mit dem Fahrrad von zu Hause zur 3 km entfernten Schule. Wie viele km legt er pro Woche zurück?

Hin- und Rückweg: $2 \cdot 3$ km = 6 km
5 Tage: 6 km $\cdot 5 =$ 30 km

Tobias legt in der Woche 30 km zurück.

Beispiel:
Frau Steiger hat für eine Tageszeitung ein Abonnement. Sie bezahlt dafür, dass sie die Zeitung von Montag bis Freitag zugestellt bekommt, 23 € pro Monat. Wenn sie die Zeitung jeden Tag (Montag bis Sonntag) bekommen möchte, muss sie 25 € pro Monat bezahlen. Wie viel kostet dieses Abonnement pro Jahr mehr?

Diese Aufgabe kannst du im Kopf rechnen.

pro Monat 2 € mehr: in einem Jahr 2 € $\cdot$ 12 = 24 €

Frau Steiger müsste pro Jahr 24 € mehr bezahlen.

Multiplizieren

1 Berechne!

a) $46 \cdot 4$ b) $77 \cdot 6$ c) $324 \cdot 8$ d) $352 \cdot 9$

2 Berechne!

a) $136 \cdot 5$ b) $625 \cdot 7$ c) $1\,317 \cdot 6$ d) $4\,389 \cdot 3$

3 Berechne!

a) $83 \cdot 25$ b) $29 \cdot 38$ c) $189 \cdot 64$ d) $245 \cdot 73$

4 Berechne!

a) $27 \cdot 1 =$ b) $37 \cdot 10 =$ c) $178 \cdot 10 =$ d) $856 \cdot 10 =$

e) $78 \cdot 100 =$ f) $21 \cdot 100 =$ g) $99 \cdot 100 =$ h) $253 \cdot 100 =$

5 Berechne!

a) $3\,265 \cdot 10 =$ b) $45\,783 \cdot 10 =$ c) $327\,052 \cdot 10 =$

d) $23\,452 \cdot 100 =$ e) $38\,511 \cdot 100 =$ f) $45\,000 \cdot 100 =$

g) $3\,568 \cdot 1\,000 =$ h) $30\,000 \cdot 1\,000 =$ i) $57\,052 \cdot 1\,000 =$

6 Berechne!

a) $52 \cdot 20 =$ b) $83 \cdot 20 =$ c) $327 \cdot 20 =$

d) $452 \cdot 300 =$ e) $525 \cdot 400 =$ f) $3\,000 \cdot 500 =$

7 Berechne! Mache vorher eine Überschlagsrechnung!

a) $389 \cdot 62$ Ü: b) $836 \cdot 78$ Ü:

c) $1\,567 \cdot 56$ Ü: d) $3\,725 \cdot 95$ Ü:

8 Berechne! Mache vorher eine Überschlagsrechnung!

a) 2 553 · 203 Ü:

b) 6 573 · 387 Ü:

c) 5 923 · 312 Ü:

d) 31 538 · 498 Ü:

9 Berechne! Gib zunächst eine untere und eine obere Schranke für das Ergebnis an!

a) 753 · 16 Schranken:

b) 368 · 37 Schranken:

c) 862 · 68 Schranken:

d) 973 · 75 Schranken:

10 Berechne! Gib zunächst eine untere und eine obere Schranke für das Ergebnis an!

a) 567 · 269 Schranken:

b) 834 · 286 Schranken:

c) 3 283 · 1 225 Schranken:

d) 5 382 · 3 216 Schranken:

e) 4 572 · 3 251 Schranken:

f) 23 456 · 2 342 Schranken:

11 Berechne vorteilhaft! Gib das Gesetz an, das du verwendest!

a) $20 \cdot 7 \cdot 5 =$ b) $5 \cdot 89 \cdot 2 =$ c) $8 \cdot 4 \cdot 5 =$

d) $2 \cdot 8 \cdot 5 \cdot 6 =$ e) $30 \cdot 20 \cdot 4 \cdot 5 =$ f) $4 \cdot 7 \cdot 25 \cdot 8 =$

---

12 Berechne

a) das Doppelte von 4, 6, 12, 25, 50, 350, 500, 1 000, 1 250!

b) die Hälfte von 8, 16, 22, 36, 50, 80, 96, 100, 500, 1 200!

---

13 Zahlenrätsel: Welche Zahl ist gesucht?

a) Multipliziere das Doppelte von 12 mit dem Dreifachen von 5!

b) Multipliziere das Doppelte von 24 mit der Hälfte von 12!

---

14 Sebastian legt pro Monat 15 € auf sein Sparbuch. Wie viel Euro hat er in einem Jahr gespart?

---

15 In einem Hotel übernachten 63 Personen. Die Übernachtung kostet 56 Euro pro Gast. Wie hoch sind die Tageseinnahmen des Hotels?

---

16 Herr Berger hat ein Anhänger, mit dem 350 kg transportiert werden dürfen. Seine Frau bittet ihn, 12 Säcke Blumenerde für den Garten aus dem Baumarkt zu holen. Ein Sack Blumenerde wiegt 24 kg. Kann Herr Berger die Blumenerde auf einmal transportieren oder muss er zweimal fahren?

---

17 Ein Kleinlastwagen wird mit einer Werkzeugkiste mit 80 kg, 20 Zementsäcken zu je 25 kg und 50 Ziegel zu je 12 kg beladen. Wie viel kg dürfen noch aufgeladen werden, wenn der LKW mit maximal 1 200 kg beladen werden darf?

---

18 Der Klassenvorstand der 1c-Klasse plant für das Ende des Schuljahres einen 3-tägigen Wandertag. Es fahren alle 24 Schülerinnen und Schüler mit. Die Busfahrt kostet pro Kind 18 €, die Jugendherberge verrechnet pro Kind 65 €. Für den Besuch des Tiergartens muss jedes Kind noch 3 € bezahlen. Wie viel Geld muss der Klassenvorstand einsammeln?

Dividieren

Dividieren ist teilen, aber auch messen, was wie oft enthalten ist!

Formel: a : b = c

Begriffe: a : b = c
Dividend durch **Divisor** ist gleich **Quotient**

Divisionen mit 0 Rest

Beispiel: Berechne!

56 : 8 = 7
0 Rest

Probe: 7 · 8 = 56
Quotient mal **Divisor** ist **Dividend**

Anmerkung: Warum die Probe für die Division mit einer Multiplikation durchgeführt wird, wird am Ende des Kapitels erklärt.

Manchmal kann es auch sein, dass sich die Division nicht so schön ausgeht – deswegen musst du dich noch nicht verrechnet haben. Es gibt auch

Divisionen mit Rest

Dabei dividierst du ganz normal wie vorher und schreibst den Rest unten an. Dieser wird dann bei der Probe am Schluss wieder dazugezählt.

Beispiel: Berechne!

59 : 8 = 7
3 Rest

Probe: 7 · 8 = 56

  56
+ 3
―――
  59

Die Division durch **null** ist **verboten**, da sie zu keinem Ergebnis führt.

Beispiel: 63 : 0 = kein Ergebnis!
Denke an die Probe!
Es gibt keine Zahl, die mit null multipliziert 63 ergibt.

Dividieren durch dekadische Einheiten und Vielfachen davon

Wie wäre es mit ein bisschen Kopfrechnen?
Was passiert, wenn du durch 10, 100, … dividierst?
Überlege zuerst was passiert, wenn du mit 10, 100, … multiplizierst!

Beispiel: 250 : 10 = 25 | 77 600 : 100 = 776 | 3 000 : 1 000 = 3
Probe: 25 · 10 = 250 | 776 · 100 = 77 600 | 3 · 1 000 = 3 000

Bei der Division durch 10, 100, 1 000, … werden 1, 2, 3, … Nullen gestrichen.

Beispiel: Berechne!

a) 35~~0~~ : 1~~0~~ =
= 35 : 1 = 35

b) 15 ~~000~~ : 1 ~~000~~ =
= 15 : 1 = 15

c) 6 0~~00~~ : 2~~00~~ =
= 60 : 2 = 30

Dividieren mit 0 Rest

1 Berechne!

a) 24 : 3 = b) 30 : 5 = c) 48 : 8 = d) 32 : 4 =

2 Berechne!

a) 48 : 3 = b) 60 : 5 = c) 52 : 4 = d) 68 : 4 =

3 Berechne und mache die Probe!

a) 120 : 6 = b) 224 : 7 = c) 312 : 8 = d) 784 : 8 =

4 Berechne!

a) 50 : 5 = b) 60 : 6 = c) 300 : 3 = d) 800 : 8 =

e) 7 000 : 7 = f) 1 200 : 30 = g) 2 500 : 50 = h) 1 800 : 90 =

5 Berechne!

a) 60 : 20 = b) 90 : 30 = c) 120 : 30 = d) 280 : 70 =

e) 800 : 80 = f) 3 000 : 1 000 = g) 30 000 : 1 000 = h) 57 000 : 1 000 =

6 Berechne!

a) 60 : 30 = b) 180 : 20 = c) 320 : 20 = d) 900 : 300 =

e) 720 : 80 = f) 3 000 : 500 = g) 2 500 : 50 = h) 2 400 : 20 =

7 Setze die fehlenden Zahlen ein!

a) 12 : ___ = 3 b) 28 : ___ = 7 c) 40 : ___ = 5 d) 36 : ___ = 18

e) 60 : ___ = 12 f) 72 : ___ = 8 g) 55 : ___ = 11 h) 66 : ___ = 6

8 Setze die fehlenden Zahlen ein!

a) ___ : 5 = 3 b) ___ : 2 = 12 c) ___ : 7 = 5 d) ___ : 11 = 4

e) ___ : 3 = 15 f) ___ : 5 = 20 g) ___ : 3 = 12 h) ___ : 6 = 6

Übe das Dividieren!

Berechne:	Du gehst am besten so vor:
879 : 23 = . .	1. Bestimme den Stellenwert des Quotienten: Dazu überlege, wo der Divisor das erste Mal enthalten ist. 23 ist in 87 das erste Mal enthalten. Hake 87 darüber an. Die höchste vorkommende Stelle im Quotienten sind daher Zehner. Man erhält eine Zehner- und eine Einerstelle, deute das durch zwei Punkte an.
879 : 23 = 38	2. Wie oft ist 23 in 87 enthalten? 3-mal mit dem Rest 18.
189	3. Hänge an den Rest die nächste Stelle 9 an.
5 Rest	4. 23 ist 8-mal in 189 enthalten. Der Rest beträgt 5.

Es ist sinnvoll, bei jeder Division eine Überschlagsrechnung durchzuführen.
Wähle die Näherungswerte so, dass der Divisor im Dividenden enthalten ist.
Ü für das obige Beispiel: 900 : 20 = 90 : 2 = 45

Beispiel: Berechne! Mache vorher eine Überschlagsrechnung!

9 173 : 256	Ü: 9 000 : 300 = 90 : 3 = 30
9 173 : 256 = . .	Bestimme den Stellenwert des Quotienten! Der Quotient enthält 2 Stellen.
9 173 : 256 = 35	256 ist in 917 3-mal enthalten, mit dem Rest 149.
1493	Nächste Stelle 3 herab, usw.
213 Rest	

Beispiel: Berechne und mache die Probe! Mache vorher eine Überschlagsrechnung!

48 030 : 187 = Ü: 50 000 : 200 = 500 : 2 = 250

48 030 : 187 = . . .

48 030 : 187 = 256	*Probe:*	
1063	256 · 187	47 872
1280	2048	+ 158
158 Rest	1792	48 030
	47872	

Beispiel: Wie ändert sich der Quotient der Rechnung 36 : 12 = 3, wenn
a) der Dividend und der Divisor mit 2 multipliziert werden?
b) der Dividend und der Divisor durch 3 dividiert werden?

a) 36 : 12 = 3 $(36 \cdot 2):(12 \cdot 2) = 72:24 = 3$
b) $(36:3):(12:3) = 12:4 = 3$

Der Quotient ändert sich nicht, wenn man den Dividenden und den Divisor mit derselben Zahl (≠ 0) multipliziert oder dividiert.

Dividieren mit Rest

1 Berechne! Vergiss nicht die Überschlagsrechnung und die Probe!

a) 94 : 11 =
b) 77 : 13 =
c) 200 : 15 =

d) 524 : 24 =
e) 321 : 12 =
f) 895 : 17 =

2 Berechne und mache die Probe!

a) 9 615 : 23 =
b) 14 388 : 34 =
c) 69 352 : 22 =

d) 105 378 : 58 =
e) 222 517 : 85 =
f) 856 347 : 72 =

3 Berechne und mache die Probe!

a) 5 689 : 232 =
b) 8 567 : 356 =
c) 12 568 : 563 =

d) 27 127 : 458 =
e) 25 732 : 571 =
f) 4 562 : 983 =

g) 68 235 : 767 =
h) 89 241 : 897 =
i) 456 125 : 325 =

Textaufgaben

Beispiel:

a) Die 18 Burschen der 1b sollen im Turnunterricht in 3 Gruppen eingeteilt werden. Wie groß ist eine Gruppe?

Es müssen 18 Burschen auf 3 Gruppen **aufgeteilt** werden.

18 Burschen : 3 = 6 Burschen

In jeder Gruppe sind 6 Burschen.

b) 18 Liter Apfelsaft sollen in 2-Liter-Flaschen abgefüllt werden. Wie viele Flaschen können abgefüllt werden?

Es wird **gemessen** wie viele Flaschen zu 2 Liter gefüllt werden können.

18 Liter : 2 Liter = 9 Flaschen

Es können 9 Flaschen abgefüllt werden.

Bei einer **Teilung** gibt der Quotient an, **wie groß** ein Teil ist.
Die Ausgangszahl (der Dividend) und das Ergebnis (Quotient) haben die gleiche Einheit, sie sind gleich benannt.

Bei einer **Messung** gibt der Quotient an, **wie oft** der Divisor im Dividenden enthalten ist. Die Ausgangszahl (der Dividend) und die Zahl, durch die dividiert wird (der Divisor) haben die gleiche Einheit, sie sind gleich benannt.

Direktes Verhältnis

Beispiel:

Mario fährt mit dem Fahrrad und legt in 1 Minute 300 m zurück.
Wie weit kommt er in einer halben Minute, in 2 Minuten, in 3 Minuten, in 5 Minuten, in einer Viertelstunde, in einer Stunde?

Fahrzeit in Minuten	1	$\frac{1}{2}$	2	3	5	15	60
gefahrene Strecke in Meter	300	150	600	900	1 500	4 500	18 000

Für den **Zusammenhang** zwischen **Weg** und **Fahrzeit** gilt:

- In der **2-fachen Zeit** wird der **2-fache Weg** zurückgelegt.
- In der **3-fachen Zeit** wird der **3-fache Weg** zurückgelegt.
- In der **4-fachen Zeit** wird der **4-fache Weg** zurückgelegt, usw.

- In der **Hälfte der Zeit** wird die **Hälfte des Weges** zurückgelegt.
- In einem **Drittel der Zeit** wird ein **Drittel des Weges** zurückgelegt, usw.

Der zurückgelegte Weg und die Zeit stehen in einem **direkten Verhältnis**:
Man sagt: Die Größen sind **direkt proportionale Größen**.

Textaufgaben

1 Herr Huber möchte beim Bankomaten 300 € in 20-Euro-Scheinen abheben. Wie viele Scheine erhält er?

2 In einem Urlaubsprospekt wird ein Zweibettzimmer für einen einwöchigen Urlaub in einem Hotel um 728 € angeboten. Wie viel kostet das Zimmer pro Tag für jede Person?

3 Vor dem Valentinstag erhält eine Blumengroßhandlung 600 Stück Tulpen. Daraus werden 40 Sträußchen zu 7 Stück und 15 Sträußchen zu 12 Stück gebunden. Wie viele Sträußchen zu 5 Stück können mit der Restmenge gebunden werden?

4 Sarahs Vater möchte seiner Tochter einen Laptop kaufen. Im Fachgeschäft A wird er um 490 € angeboten, im Fachgeschäft B kostet der gleiche Laptop 512 €. In einer Aktion vor Weihnachten wird im ersten Geschäft ein Fünftel im zweiten Geschäft ein Viertel des ursprünglichen Preises nachgelassen. In welchem Fachgeschäft soll Sarahs Vater den Laptop kaufen?

5 Berechne um wievielmal 1 320 größer ist, als 165!

6 Lukas Großmutter ist 72 Jahre alt. Lukas selbst ist 9 Jahre alt. Um wievielmal ist die Großmutter älter?

7 Die Gemeinde Kaiserstetten widmet ein 7 980 m^2 großes Grundstück in Bauland um. Das Grundstück wird in Bauparzellen zu 495 m^2 aufgeteilt. Wie viele solcher Parzellen kann man bilden? Der übrig bleibende Teil des Grundstücks wird zu einer Parzelle hinzugefügt. Wie groß ist diese?

8 Ein neu gebauter Kinosaal hat 216 Sitzplätze. Wie viele Reihen hat der Saal, wenn in einer Reihe 18 Sitzplätze sind?

9 Claudia hat zum Geburtstag ein neues Aquarium bekommen und möchte es mit Wasser füllen. In 2 Minuten fließen 4 Liter Wasser zu. Erstelle eine Tabelle wie viel Liter Wasser sich im Aquarium nach 1, 2, 5, 10, 12, 15 Minute(n) befinden. Das Aquarium fasst 80 Liter. Wann wird es vollgefüllt sein?

10 50 Schokoriegel werden auf die 24 Kinder der 1c-Klasse aufgeteilt. Wie viele Schokoriegel erhält jedes Kind? Wie viele bleiben übrig?

11 Mathias fährt mit seinen Eltern entlang des Donauradweges. Sie wollen täglich 35 km fahren. Wie viele Tage brauchen sie für eine Strecke von 175 km?

Zusammenhang Multiplizieren und Dividieren

$12 \xrightarrow{\cdot 3} 36 \xrightarrow{:3} 12$

Wird eine Zahl mit einer Zahl multipliziert und dann durch dieselbe Zahl dividiert, so erhält man die Ausgangszahl.

$12 \xrightarrow{:3} 4 \xrightarrow{\cdot 3} 12$

Wird eine Zahl durch eine Zahl dividiert und dann mit derselben Zahl multipliziert, so erhält man die Ausgangszahl.

Multiplizieren und Dividieren sind **entgegengesetzte Rechnungsarten**.

Jetzt ist dir auch klar, wieso du deine Division mit einer Multiplikation kontrollieren kannst.

Zum Beispiel: $48 : 6 = 8$ **Probe**: $8 \cdot 6 = 48$

Quotient mal **Divisor** ist **Dividend**

Vorrangregeln

Addition und **Subtraktion** werden als **Strichrechnungen** (**Rechnungsarten erster Stufe**) bezeichnet.

Multiplikation und **Division** werden als **Punktrechnungen** (**Rechnungsarten zweiter Stufe**) bezeichnet.

Die **Rechnungsraten zweiter Stufe** haben **Vorrang** vor den **Rechnungsarten erster Stufe**, d. h. **Punktrechnungen** vor **Strichrechnungen**.

Vor dieser Vorrangregel gilt aber die **Klammerregel**.
Was in Klammer steht, ist **zuerst** zu **berechnen**.

Du kannst dir das leicht merken. Es gilt: **KLA – PU – STRI**

d. h. Klammer, dann Punktrechnungen, dann Strichrechnungen.

Beispiel: Berechne!

a) $82 - 23 \cdot 3 =$ zuerst Punktrechnung
$= 82 - 69 = 13$ dann Strichrechnung

b) $156 - (25 \cdot 3 + 15) =$ zuerst Klammer, in der Klammer zuerst Punktrechnung
$= 156 - (75 + 15) =$ Strichrechnung in der Klammer
$= 156 - 90 =$ zum Schluss Strichrechnung
$= 66$

c) $(24 : 6 + 52) : 8 + 12 : 3 + 15 =$ zuerst Klammer, in der Klammer zuerst Punktrechnung
$= (4 + 52) : 8 + 12 : 3 + 15 =$ Strichrechnung in der Klammer
$= 56 : 8 + 12 : 3 + 15 =$ Punktrechnungen
$= 7 + 4 + 15 =$ Strichrechnungen
$= 26$

Vorrangregeln

1 Berechne!

a) $6 + 7 \cdot 9 =$ b) $56 + 48 : 6 =$ c) $38 - 12 : 6 =$ d) $200 : 25 - 6 =$

e) $4 \cdot 3 + 6 \cdot 5 =$ f) $24 : 6 + 81 : 9 =$ g) $15 \cdot 10 - 45 : 15 =$ h) $25 : 5 - 5 \cdot 1 =$

2 Berechne!

a) $36 + 2 \cdot (45 - 34) =$ b) $55 - (56 : 8 + 4 \cdot 5) =$ c) $(93 - 5 \cdot 11) - (45 - 18 : 2) =$

d) $(4 \cdot 6 - 8 : 2) - 50 : (13 + 6 \cdot 2) =$ e) $32 \cdot (28 : 7 - 4 : 2) + 72 : 12 =$

3 Berechne!

a) $72 : 36 + 18 \cdot 2 =$ b) $72 : (36 + 18 \cdot 2) =$ c) $(72 : 36 + 18) \cdot 2 =$

4 Schreibe zunächst als Rechnung an!

a) Vermehre das Produkt der Zahlen 235 und 189 um die Differenz dieser Zahlen!

b) Vermindere den Quotienten der Zahlen 864 und 24 um die Differenz der Zahlen 367 und 348!

c) Dividiere die Summe der Zahlen 96 und 64 durch ihre Differenz!

5 Die 1a-Klasse mit 26 Schülerinnen und Schülern macht einen Wandertag. Die Fahrtkosten für die Busfahrt betragen 286 €, der Eintritt in den Tierpark kostet 2 € pro Person.

a) Wie viel muss jedes Kind für den Wandertag bezahlen?

b) Leider werden 4 Kinder krank und können nicht mitfahren. Wie viel muss jedes teilnehmende Kind nun bezahlen?

6 Eine Milchkuh liefert pro Tag ungefähr 12 Liter Milch. In einem landwirtschaftlichen Betrieb stehen 18 Milchkühe, deren Milch in die Molkerei geliefert wird. Wie viel kg Butter können pro Woche erzeugt werden, wenn man für die Erzeugung von 1 kg ungefähr 24 Liter Milch braucht?

Maßeinheiten

Unser Geld

1 Euro = 100 Cent   1 € = 100 c

Längenmaße

Die **Einheit** der Länge ist das **Meter** (m).

Untereinteilungen

Dezimeter (dm)
1 m = 10 dm

Zentimeter (cm)
1 m = 100 cm

Millimeter (mm)
1 m = 1 000 mm

Vielfaches

Kilometer (km)   1 km = 1 000 m

km	.	.	m	dm	cm	mm
		·1 000		·10	· 10	· 10

Massenmaße

Die **Einheit** der Masse ist das **Kilogramm** (kg).

Untereinteilungen des Kilogramms

Dekagramm (dag)
1 kg = 100 dag

Gramm (g)
1 kg = 1 000 g

Untereinteilungen des Gramms

Dezigramm (dg)
1 g = 10 dg

Zentigramm (cg)
1 g = 100 cg

Milligramm (mg)
1 g = 1 000 mg

Vielfaches

Tonne (t)   1 t = 1 000 kg

t	.	.	kg	.	dag	g	dg	cg	mg
		·1 000		·100		· 10	· 10	· 10	· 10

Zeitmaße

Die **Einheit** der Zeit ist die **Sekunde** (s).

weitere Zeitmaße

1 Minute = 60 Sekunden
1 min = 60 s

1 Stunde = 60 Minuten
1 h = 60 min

1 Tag = 24 Stunden
1 d = 24 h

Maßeinheiten

1 Drücke in Euro und Cent aus!

a) 788 c = b) 1 585 c = c) 4 305 c = d) 5 050 c

2 Wenn du den Betrag mit einem 20-€-Schein bezahlst, bekommst du wie viel zurück?

a) 5 € 75 c b) 7 € 3 c c) 15 € 50 c d) 19 € 75 c

3 Verwandle in die angegebene Einheit!

a) 4 cm = mm b) 5 dm = cm c) 12 m = dm d) 5 km = m

e) 60 mm = cm f) 150 mm = cm g) 560 cm = dm h) 700 cm = m

4 Verwandle in die angegebene Einheit!

a) 6 cm 5 mm = mm b) 7 dm 9 cm = cm c) 6 m 3 dm = dm

d) 3 m 25 cm = cm e) 12 m 4 dm = dm f) 4 km 50 m = m

g) 20 km 56 m = m h) 6 dm 2 cm = cm i) 5 dm 8 cm = mm

5 Schreibe mehrnamig!

a) 456 cm = b) 65 mm = c) 2 500 m =

d) 108 cm = e) 2 645 cm = f) 751 dm =

6 Verwandle in die angegebene Einheit!

a) 2 kg = g b) 3 kg 25 dag = g c) 70 dag = g

d) 5 kg = dag e) 7 kg 61 dag = dag f) 35 kg = dag

g) 5 t = kg h) 10 500 dag = kg i) 2 t 7 kg = kg

7 Schreibe mehrnamig!

a) 265 g = b) 560 dag = c) 2 450 kg =

d) 2 452 dag = e) 10 350 kg = f) 2 630 dag =

8 Verwandle in die angegebene Einheit!

a) 3 h = min b) 10 h = min c) 2 h 30 min = min

d) 5 min = s e) 8 min 5 s = s f) 3 h = s

g) 1 h 30 min = s h) 15 min = s i) 180 min = h

j) 600 s = min k) 3 d = h l) 144 h = d

Dezimalzahlen

Zahlen, in denen ein **Komma** auftritt, heißen **Dezimalzahlen**.
Das **Komma** steht **nach der Einerstelle**. Alle Stellen, die rechts vom Komma stehen, heißen **Dezimalstellen** oder **Nachkommastellen**.

dekadische Einheiten Komma **dezimale Einheiten**

...	M	HT	ZT	T	H	Z	E	,	z	h	t	zt	ht	m	...

Lies für:

z ... Zehntel h ... Hundertstel t ... Tausendstel
ht ... Hunderttausendstel m ... Millionstel

Die **Verwandlungszahl** zwischen **benachbarten Einheiten** ist immer **10**.

Sprechweise:

5,3 „fünf Komma drei"
0,01 „null Komma null eins"
24,86 „vierundzwanzig Komma acht sechs"

Beispiel: Schreib die Zahlen mit Hilfe der Stellenwerte an!
a) 2,8 = 2 E 8 z b) 65,4 = 6 Z 5 E 4 z c) 4,201 059 = 4 E 2 z 1 t 5 ht 9 m

Beachte: Verwende bei Dezimalzahlen nach dem Komma auch Dreiergruppen.

Beispiel: Stelle die Zahlen mit Ziffern dar!
a) 3 E 4 z = 3,4 b) 5 z 2 h = 0,52 c) 7 Z 3h 6 t = 70,036 d) 8 t 3 ht = 0,008 03

Beispiel: Verwandle in die angegebene Einheit!
a) 4 h = z 4 h = 40 z b) 2 E = h 2 E = 200 h
c) 5 t = ht 5 t = 500 ht d) 8 t = m 8 t = 8 000 m

Beispiel: Ordne der Größe nach, beginne mit der kleinsten Zahl!
2,1 2,101 2,001 2,11 2,011 2,01
Du kannst die Zahlen auch mit 3 Dezimalstellen anschreiben.
2,100 2,101 2,001 2,110 2,011 2,010
Die Einer sind gleich. Vergleiche zunächst die Zehntel, dann die Hundertstel, usw.
2,001 < 2,01 < 2,011 < 2,1 < 2,101 < 2,11

Runden von Dezimalzahlen

Das Runden von Dezimalzahlen erfolgt wie das Runden von natürlichen Zahlen.
Die nächstkleinere Stelle gibt an, ob abgerundet oder aufgerundet wird.

Steht an der nächstkleinere Stelle **0, 1, 2, 3** oder **4**, wird **abgerundet**.
bei **5, 6, 7, 8** oder **9** wird **aufgerundet**.

Beispiel: Runde auf die angegebene Stelle!
a) 5,2 (E) 5,2 ≈ 5 b) 12,87 (z) 12,87 ≈ 12,9 c) 0,444 (h) 0,444 ≈ 0,44

Dezimalzahlen

1 Schreibe die Zahlen mit Hilfe der Stellenwerte an!

a) 5,8 = b) 75,23 =

c) 18,4 = d) 50,49 =

e) 605,02 = f) 1 400,05 =

g) 3,008 = h) 78,012 5 =

i) 56,000 81 = j) 4 007,123 482 =

k) 6,105 806 = l) 9,087 604 =

---

2 Stelle die Zahlen mit Ziffern dar!

a) 3 Z 4 E 7 z = b) 2 zt = c) 5 h 7 zt =

d) 4 z 6 h 8 t = e) 3 E 5 h 8 ht = f) 7 T 5 H 8 h =

g) 5 H 4 Z 2 h 3 zt = h) 3 M 4 T 5 z = i) 8 H 9 E 6 h 7 t =

j) 5 T 7 E 8 h 4 zt = k) 9 z 6 h 9 t = l) 4 zt 8 ht 9 m =

---

3 Verwandle in die angegebene Einheit!

in z: a) 4 E = b) 5,3 = c) 500 h =

in h: a) 7 z = b) 8 E 9 z = c) 8,4 =

in t: a) 2 h = b) 0,56 = c) 3 z 4 h =

---

4 Zwischen welchen zwei natürlichen Zahlen liegt die gegebene Zahl?

a) 2,89 b) 41,02 c) 100,01 d) 5 099,43

---

5 a) Ordne der Größe nach, beginne mit der kleinsten Zahl!

0,05 0,005 0,55 5,005 0,0505 0,5

b) Ordne der Größe nach, beginne mit der größten Zahl!

0,1 1,001 1,01 1,0011 0,1011 1,11

---

6 Runde auf die angegebene Stelle!

a) 56,42 (E) b) 8,049 (z) c) 0,051 (h)

d) 0,025 67 (t) e) 0,058 957 (zt) f) 8,451 4 (t)

g) 1,078 04 (t) h) 7,891 2 (h) i) 3,784 (z)

Maßangaben in Dezimalschreibweise

Unser Geld

1 Euro = 100 Cent 1 € = 100 c 1 c = 0,01 €

Beispiel:

a) Schreibe die Beträge mehrnamig!

2,30 € = 2 € 30 c 50,09 € = 50 € 9 c 0,7 € = 70 c

b) Drücke in € aus!

1 256 c = 12,56 € 1 € 78 c = 1,78 € 4 205 c = 42 € 5 c

Längenmaße

Die **Einheit** der Länge ist das **Meter** (m).

Dezimeter (dm)
1 m = 10 dm
1 dm = 0,1 m

Zentimeter (cm)
1 m = 100 cm
1 cm = 0,01 m

Millimeter (mm)
1 m = 1 000 mm
1 mm = 0,001 m

Kilometer (km)
1 km = 1 000 m
1 m = 0,001 km

Beispiel:

a) Schreibe die Beträge mehrnamig!

5,61 m = 5 m 61 cm = 5 m 6 dm 1 cm 0,705 m = 7 dm 5 mm

b) Drücke in m aus!

8 dm = 0,8 m 408,2 cm = 4,082 m 3,5 km = 3 500 m

c) Runde auf m!

7,4 m ≈ 7 m 1,85 m ≈ 2 m 95 dm ≈ 10 m

Massenmaße

Die **Einheit** der Masse ist das **Kilogramm** (kg).

Tonne (t)
1 t = 1 000 kg
1 kg = 0,001 t

Dekagramm (dag)
1 kg = 100 dag
1 dag = 0,01 kg

Gramm (g)
1 kg = 1 000 g
1 g = 0,001 kg

Dezigramm (dg)
1 g = 10 dg
1 dg = 0,1 g

Zentigramm (cg)
1 g = 100 cg
1 cg = 0,01 g

Milligramm (mg)
1 g = 1 000 mg
1 mg = 0,001 g

Beispiel:

a) Schreibe die Masse mehrnamig auf!

83,09 kg = 83 kg 9 dag 750 g = 75 dag 0 g 1,652 g = 1 g 6 dg 5 cg 2 mg

b) Drücke in t aus!

8 t 450 kg = 8,45 t 23 500 kg = 23,5 t 205 kg = 0,205 t

c) Runde auf kg!

4,7 kg ≈ 5 kg 235 dag = 2,35 kg ≈ 2 kg 6 500 g = 6,5 kg ≈ 7 kg

Maßeinheiten in Dezimalschreibweise

1 Schreibe die Preise mehrnamig auf!

a) Kaffee: 6,99 € b) Trinkschokolade: 2,29 € c) Pralinen: 5,49 €

2 Runde auf ganze Eurobeträge!

a) 27,60 € b) 13,48 € c) 159,75 € d) 0,75 €

3 Schreibe die angegebenen Größen mehrnamig auf!

a) Länge der Elektrolokomotive „Taurus": 19,28 m

b) Spurweite bei der Österreichischen Bahn: 143,5 cm

c) Masse der Kugel beim Kugelstoßen: 7,257 kg

d) Masse eines Meerschweinchens: 1,5 kg

4 Schreibe in der angegebenen Einheit!

a) 56 cm = m b) 6 dm 5 cm = m c) 83 cm = dm

d) 0,65 km = m e) 75 m = km f) 15,3 cm = m

g) 12 km 35 m = km h) 17 dm 2 cm = m i) 3 cm 8 mm = m

5 Schreibe mehrnamig!

a) 85 760 kg = b) 2,25 kg = c) 25,55 dag =

d) 15,5 t = e) 3 525 g = f) 5 850 g =

6 Schreibe in der angegebenen Einheit!

a) 35 g = dag b) 53 dag = kg c) 70 mg = g

d) 55 kg = t e) 7 dag 5 g = kg f) 875 dag = kg

g) 502 g = kg h) 15 500 kg = t i) 2 kg 75 dag = t

7 Schreibe mehrnamig!

a) 3,555 t = b) 2 500 g = c) 24,50 kg =

d) 25,625 dag = e) 10,3 t = f) 5 540 dag =

8 Runde auf die angegebene Einheit!

a) 2,74 km (km) b) 4 350 g (kg) c) 1 750 mm (m)

d) 850 kg (t) e) 3 585 m (km) f) 58,8 dag (kg)

g) 93,5 g (dag) h) 123,56 dag (kg) i) 27,5 dm (m)

Rechnen mit Dezimalzahlen

Addieren und Subtrahieren

Bei der **Addition und Subtraktion** musst du darauf achten, dass du die Zahlen so untereinander schreibst, dass jeweils die **Kommas genau untereinander** stehen – das ist sehr wichtig! Alle anderen Stellen richten sich nach dem Komma!
Rechne sonst wie mit natürlichen Zahlen.

Beispiel: Berechne die Summe der Zahlen!

a)
$$\begin{array}{r} 4{,}3 \\ +\ 28{,}37 \\ \hline 32{,}67 \end{array}$$

b) $56{,}452 + 123{,}5 + 9{,}87 =$
$= 189{,}822$

Einfacher ist es, die Zahlen untereinander zu schreiben. Du kannst fehlende Stellen mit Nullen ergänzen, um dir das Rechnen zu erleichtern.

$$\begin{array}{r} 56{,}452 \\ 123{,}500 \\ 9{,}870 \\ \hline 189{,}822 \end{array}$$

Beispiel: Berechne die Differenz der Zahlen!

a)
$$\begin{array}{r} 78{,}65 \\ -\ 37{,}24 \\ \hline 41{,}41 \end{array}$$

b)
$$\begin{array}{r} 48{,}6 \\ -\ 17{,}37 \\ \hline 31{,}23 \end{array}$$

Du kannst fehlende Stellen wieder mit Nullen ergänzen.

$$\begin{array}{r} 48{,}60 \\ -\ 17{,}37 \\ \hline 31{,}23 \end{array}$$

Multiplizieren

Bei der **Multiplikation** musst du auf die **Gesamtanzahl der Dezimalstellen** achten!
Du multiplizierst so, als ob es kein Komma gäbe, und addierst die Teilprodukte in den Zeilen. Dann zählst du die Dezimalstellen in beiden Zahlen (Faktoren) zusammen und setzt dann so viele Dezimalstellen im Ergebnis.

Beispiel:

$$\begin{array}{l} 45{,}2 \cdot 36 \\ \hline 1356 \\ \ \ 2712 \\ \hline 1627{,}2 \end{array}$$

Multipliziere!
Addiere wie bei der Multiplikation von natürlichen Zahlen!
Es gibt insgesamt **eine** Kommastelle.

Beispiel:

$$\begin{array}{l} 28{,}42 \cdot 7{,}56 \\ \hline 19894 \\ \ \ 14210 \\ \ \ \ \ 17052 \\ \hline 214{,}8552 \end{array}$$

Multipliziere
Addiere wie bei der Multiplikation von natürlichen Zahlen!
Es gibt insgesamt **2 + 2 = 4** Kommastellen.

Multiplizieren mit dekadischen Einheiten

Beispiel: Multipliziere 5,782 mit 10, 100, 1 000

$5{,}782 \cdot 10 = 57{,}82$ $5{,}782 \cdot 100 = 578{,}2$ $5{,}782 \cdot 1000 = 5782$

Bei der **Multiplikation** einer Dezimalzahl
- mit **10** wird das **Komma** um **eine Stelle nach rechts** verschoben.
- mit **100** wird das **Komma** um **zwei Stellen nach rechts** verschoben.
- mit **1 000** wird das **Komma** um **drei Stellen nach rechts** verschoben, usw.

Manchmal musst du beim Verschieben noch Nullen hinzufügen.

Addieren, Subtrahieren und Multiplizieren von Dezimalzahlen

1 Addiere!

a)	b)	c)	d)	e)
34,2	56,8	128,83	78,25	56,72
17,5	23,7	78,21	423,87	84,259

2 Addiere!

a)	b)	c)	d)	e)
12,24	87,5	314,56	2 157,5	987,23
56,781	7,552	723,5	58,934	1 284,055
11,5	327,68	65,4789	98,05	6,078

3 Addiere!

a)	b)	c)	d)	e)
56,87	234,87	290,4	3 456,23	5 879,47
523,4	90,56	635,712	80,372	78,515
34,561	781,09	344,12	9 876,2	486,278
487,321	70,072	90,254	76,032	670,81

4 Schreibe vor dem Rechnen richtig untereinander!

a) 89 + 2,5 + 56,11 =
b) 62,7 + 8,97 + 2,14 =
c) 28,27 + 34,8 + 90,381 =

d) 23,5 + 1,56 + 78,13 =
e) 562,7 + 11,84 + 725 =
f) 932,52 + 45,06 + 11,56 =

5 Addiere in der Zeile! Vergiss nicht auf das Abhaken!

a) 8,5 + 9,2 =
b) 2,89 + 1,2 =
c) 52,8 + 123,45 =

d) 27,2 + 28,5 + 5,2 =
e) 7,8 + 6,05 + 1,2 =
f) 5,4 + 6,23 + 8,78 =

6 Berechne sowohl zeilen- als auch spaltenweise!

a)
$$\begin{array}{rcl} 4{,}3 + 7{,}5 + 8{,}5 &=& \_\_ \\ 5{,}8 + 9{,}2 + 2{,}6 &=& \_\_ \\ 3{,}1 + 8{,}7 + 4{,}5 &=& \_\_ \\ \hline \_\_ + \_\_ + \_\_ &=& \_\_ \end{array}$$

b)
$$\begin{array}{rcl} 35{,}89 + 52{,}8 + 4{,}361 &=& \_\_ \\ 9{,}3 + 2{,}34 + 78{,}08 &=& \_\_ \\ 237{,}2 + 15{,}96 + 7{,}37 &=& \_\_ \\ \hline \_\_ + \_\_ + \_\_ &=& \_\_ \end{array}$$

7 Berechne!

a) 53,7 − 27,5

b) 86,5 − 21,7

c) 328,75 − 87,56

d) 25,68 − 17,87

e) 157,34 − 98,57

8 Berechne!

a) 87 − 2,5

b) 5,17 − 0,2

c) 400 − 23,78

d) 24,5 − 0,09

e) 67,5 − 8,97

9 Berechne!

a) 268,32 − 45,785

b) 902,3 − 2,087

c) 2 578,5 − 873,12

d) 5 908,7 − 2 578,09

e) 23 678,5 − 923,043

10 Schreibe vor dem Rechnen richtig untereinander!

a) 9,8 − 2,7 =

b) 75,4 − 23,8 =

c) 8,4 − 1,205 =

d) 45,89 − 5,1 =

e) 54 − 0,75 =

f) 517,6 − 1,831 =

g) 214,4 − 4,5 =

h) 0,54 − 0,085 =

11 Berechne! Fasse zuerst die Summanden und die Subtrahenden zusammen!

a) 8,7 − 2,5 + 15,7 − 3,8 =

b) 5,08 + 0,5 − 2,2 − 1,05 =

c) 8,34 − 7,02 − 0,6 + 2,78 =

d) 78,6 − 23,8 + 2,8 − 35,05 =

12 Berechne!

a) $2{,}5 \cdot 87$ b) $4{,}8 \cdot 23$ c) $4{,}8 \cdot 3{,}5$ d) $42{,}7 \cdot 8{,}9$ e) $5{,}52 \cdot 1{,}5$

13 Berechne!

a) $256{,}7 \cdot 34{,}7$ b) $27{,}89 \cdot 0{,}54$ c) $89{,}65 \cdot 81{,}6$ d) $321{,}4 \cdot 78{,}9$

14 Berechne!

a) $9{,}5 \cdot 10 =$ b) $98{,}7 \cdot 100 =$ c) $231{,}2 \cdot 100 =$ d) $0{,}5 \cdot 10 =$

e) $28{,}05 \cdot 1\,000 =$ f) $0{,}8 \cdot 100 =$ g) $2{,}005 \cdot 100 =$ h) $23{,}5 \cdot 1\,000 =$

i) $2{,}6 \cdot 10\,000 =$ j) $0{,}05 \cdot 100 =$ k) $8{,}52 \cdot 10\,000 =$ l) $0{,}589 \cdot 1\,000 =$

15 Andi möchte mit seiner Mutter für seine Geburtstagsparty Naschereien besorgen. Sie wollen auch Schokolade kaufen, wobei eine Tafel 2,96 € kostet. Im Supermarkt gibt es eine Aktion für den Kauf der Schokolade. „Heute nur 2,19 € pro Tafel." Andi sagt zu seiner Mutter: „Wenn du heute 4 Tafeln kaufst, dann bezahlst du weniger, als wenn du gestern zum alten Preis 3 Tafeln genommen hättest." Hat Andi recht?

16 Die 26 Schülerinnen und Schüler der 1a-Klasse machen am Wandertag mit ihrem Klassenvorstand eine Fahrt in einen Tierpark. Pro Kind kostet der Eintritt 3,20 €. Außerdem fallen für die Busfahrt 13,50 € pro Kind an. Wie viel Euro muss der Klassenvorstand insgesamt einsammeln?

17 Herr Mayer muss tanken. Er bezahlt für 1 Liter Diesel 1,328 €. Sein Tank fasst 42 Liter. „Hätte ich nur in der Früh getankt, da hat ein Liter nur 1,289 € gekostet", denkt Herr Mayer. Wie viel muss Herr Mayer nun bezahlen? Wie viel hätte er sich erspart, wenn er tatsächlich in der Früh getankt hätte?

18 Peter weiß, dass in der Seefahrt Entfernungen in Seemeilen (sm) angegeben werden, wobei 1 sm = 1,852 km ist. Er findet im Internet die Länge des Seeweges von Hamburg nach New York. Diese beträgt rund 3 620 Seemeilen. Celine meint, dass diese Strecke nicht wesentlich länger als die Luftlinie ist, die 6 130 km beträgt. Hat sie recht? Berechne die Länge des Seewegs und runde sie auf km. Vergleiche mit der Luftlinie! Welche Strecke ist um wie viele km länger?

Dividieren durch natürliche Zahlen

Wenn du eine Dezimalzahl durch eine natürliche Zahl dividierst, musst du dir Folgendes merken:

Bestimme zunächst den Stellenwert für das Ergebnis und rechne dann wie mit natürlichen Zahlen.

Beispiel:

67,85 : 5 = . . , Z E	5 ist in 6 enthalten, 6 steht an der Zehnerstelle ⇒ das Ergebnis beginnt also mit der Zehnerstelle. Der höchste Stellenwert im Ergebnis ist die Zehnerstelle.
67,85 : 5 = 1 . , 17	5 ist in 6 einmal enthalten, Rest 1, nächste Stelle 7 herab
67,85 : 5 = 13, 17 28	5 ist in 17 dreimal enthalten, 2 Rest. Nächste Stelle 8 herab.
67,85 : 5 = 13,5 17 28 35	5 ist in 28 fünfmal enthalten, 3 Rest, nächste Stelle 5 herab
67,85 : 5 = 13,57 17 28 35 0 Rest	5 ist in 35 siebenmal enthalten, 0 Rest Das Ergebnis lautet: 13,57

Beispiel: 7,4 : 4 = Rechne bis du 0 Rest erhältst!

7,4 : 4 = . ,	4 ist in 7 (Einer) enthalten, Einerstelle ist höchster Stellenwert.
7,4 : 4 = 1, 34	4 ist in 7 einmal enthalten, 3 Rest, nächste Stelle 4 herab
7,4 : 4 = 1,8 34 20	4 ist in 34 achtmal enthalten, 2 Rest die nächste Stelle ist 0, daher 0 herab (Beachte: 7,4 = 7,40)
7,4 : 4 = 1,85 34 20 0 Rest	4 ist in 20 fünfmal enthalten, 0 Rest Das Ergebnis lautet: 1,85

Beispiel: Bestimme den Stellenwert und berechne!

a) 5,4 : 18 = 0, . z	18 ist in 54 enthalten. Das Hakerl steht über der Zehntelstelle, d. h. der höchste Stellenwert im Ergebnis ist die Zehntelstelle.
5,4 : 18 = 0,3 0 Rest	18 ist in 54 dreimal enthalten, 0 Rest.
b) 0,34 : 17 = 0,0 . h	17 ist in 34 enthalten. Das Hakerl steht über der Hundertstelstelle, d. h. der höchste Stellenwert im Ergebnis ist die Hundertstelstelle.
0,34 : 17 = 0,02 0 Rest	17 ist in 34 zweimal enthalten, 0 Rest.

Überschlagsrechnung und Probe für die Division

Bei jeder Division kann man eine Überschlagsrechnung machen.

Du musst dir dabei selbst Näherungswerte überlegen, damit du die Überschlagsrechnung leicht ausführen kannst. Dabei soll der Divisor im Dividenden restlos enthalten sein.

Überschlagsrechnung und **Probe** für die Divisionen der letzten Musterbeispiele:

Division: 67,85 : 5 = 13,57

Ü: 70 : 5 = 14 — Die Überschlagsrechnung liefert einen guten Näherungswert für das Ergebnis der Division.

Probe: 13,57 · 5
67,85

Division: 7,4 : 4 = 1,85	Ü: 8 : 4 = 2	Probe: 1,85 · 4 7,40
Division: 5,4 : 18 = 0,3	Ü: $6{,}\overline{0}$: 20 = 0,3	Probe: 18 · 0,3 5,4
Division: 0,34 : 17 = 0,02	Ü: $0{,}\overline{40}$: 20 = 0,02	Probe: 17 · 0,02 0,34

Wie wäre es mit ein bisschen **Kopfrechnen**?

Bei der **Division**

- **durch 10** verschiebe das Komma um **eine Stelle nach links**.
- **durch 100** verschiebe das Komma um **zwei Stellen nach links**.
- **durch 1 000** verschiebe das Komma um **drei Stellen nach links**, usw.

Wenn Ziffern fehlen, dann musst du Nullen schreiben.

Beispiel: Gib das Ergebnis an! Rechne im Kopf!

35 : 10 = 3,5	Komma um eine Stelle nach links
278,6 : 100 = 2,786	Komma um zwei Stellen nach links
81 : 100 = 0,81	Komma um zwei Stellen nach links, du musst die fehlende Null für die Einerstelle anschreiben.
43,4 : 100 = 0,434	Komma um zwei Stellen nach links, du musst die fehlende Null anschreiben.
37,5 : 1 000 = 0,0375	Komma um drei Stellen nach links, du musst zwei fehlende Nullen anschreiben.

Beispiel: Mit welcher Zahl wurde dividiert? Kreuze die richtige Zahl an!

a) 4,5 : ______ = 0,45   10   100   1 000

Da das Komma um eine Stelle nach links verschoben ist, wurde durch 10 dividiert.

Lösung: ☒ 10   100   1 000

b) 24,3 : ______ = 0,0243   10   100   1 000

Da das Komma um drei Stellen nach links verschoben ist, wurde durch 1 000 dividiert.

Lösung: 10   100   ☒ 1 000

Dividieren von Dezimalzahlen durch natürliche Zahlen

1 Rechne bis du 0 Rest erhältst und führe die Probe durch!

a) 30 : 12 = b) 72 : 16 = c) 60 : 25 = d) 133 : 14 =

e) 2 028 : 312 = f) 600 : 125 = g) 428 : 856 = h) 840 : 175 =

2 Rechne bis du 0 Rest erhältst und führe die Probe durch!

a) 24 174 : 765 = b) 5 546 : 295 = c) 3 791 : 446 = d) 19 671 : 316 =

e) 27,3 : 3 = f) 8,68 : 7 = g) 15,04 : 8 = h) 78,16 : 8 =

3 Rechne bis du 0 Rest erhältst und führe die Probe durch!

a) 42,414 : 6 = b) 51,444 : 9 = c) 153,75 : 25 = d) 160,23 : 49 =

e) 7,7314 : 86 = f) 54,02 : 74 = g) 71,28 : 72 = h) 812,7 : 63 =

4 Berechne!

a) 8,9 : 10 = b) 27,5 : 100 = c) 2,8 : 1 000 = d) 260 : 10 =

e) 31,05 : 100 = f) 100 : 1 000 = g) 0,1 : 10 = h) 1 : 1 000 =

5 Durch welche Zahl wurde dividiert?

a) 438 :____ = 0,438 b) 2,56 :____ = 0,0256 c) 0,8 :____ = 0,008 d) 35,7 :____ = 0,357

e) 5 087 :____ = 50,87 f) 0,1 :____ = 0,001 g) 50 :____ = 0,05 h) 7,39 :____ = 0,0739

Dividieren durch Dezimalzahlen

Durch einen Trick kannst du dir solche Division erleichtern:

Verschiebe das Komma im Dividenden **und** im Divisor um so viele **Stellen nach rechts**, dass der **Divisor eine natürliche Zahl** wird. Dann rechnest du wie im letzten Kapitel.

Beispiel:

a) 58,65 : 3,45 =

Der Divisor ist 3,45. Wenn du das Komma um 2 Stellen nach rechts verschiebst, erhältst du die natürliche Zahl 345. Weil du im Divisor das Komma um 2 Stellen verschoben hast, musst du auch bei 58,65 das Komma um 2 Stellen verschieben. Du erhältst 5865.

Die Rechnung lautet also:

5865 : 345 =

Jetzt kannst du ganz normal dividieren.

5865 : 345 = 17
2415
0 Rest

b) 1451,52 : 56,7 =

Verschiebe das Komma um eine Stelle.

14515,2 : 567 = 25,6
3175
3402
0 Rest

Beispiel: Berechne 32,8 : 7,6 und runde das Ergebnis auf 1 Dezimalstelle (Zehntel). Führe zunächst eine Überschlagsrechnung aus. Kontrolliere dein Ergebnis durch eine Probe!

Ü: 32 : 8 = 4

Rechnung:

32,8 : 7,6 =

Verschiebe das Komma um eine Stelle.

328 : 76 = 4,31…
240
120
44 Rest

Wenn du auf Zehntel runden willst, musst du bis Hundertstel rechnen. Die Hundertstelstelle gibt an, ob auf- oder abgerundet wird.
gerundetes Ergebnis: 4,3

Probe:
4,31 · 7,6
3017
2586
32,756

32,756
0,044
32,800

Addiere noch den Rest: Schreibe den Rest unter die Zahl und ergänze mit Nullen.

Beispiel: Berechne 7,2 : 0,25!

7,2 : 0,25 =

Verschiebe das Komma um 2 Stellen, damit aus 0,25 der Divisor 25 wird. 7,2 wird zu 720.

720 : 25 = 28,8
220
200
0 Rest

Dividieren durch Dezimalzahlen

1 Rechne bis du 0 Rest erhältst! Mache auch eine Überschlagsrechnung und die Probe!

a) 4,5 : 1,5 =
b) 1,23 : 0,3 =
c) 0,8 : 1,6 =
d) 6,8 : 3,4 =

e) 14 : 2,8 =
f) 22,5 : 1,5 =
g) 50 : 2,5 =
h) 600 : 1,2 =

i) 62,5 : 2,5 =
j) 6,25 : 2,5 =
k) 0,625 : 2,5 =
l) 625 : 2,5 =

2 Rechne bis du 0 Rest erhältst! Mache die Probe!

a) 2,89 : 0,17 =
b) 6,48 : 0,18 =
c) 27,5 : 0,25 =
d) 0,48 : 0,96 =

e) 7,128 : 0,72 =
f) 77,314 : 0,86 =
g) 3 : 0,75 =
h) 2,6676 : 0,57 =

i) 0,016 : 6,4 =
j) 87,5 : 1,25 =
k) 543,9 : 0,74 =
l) 7,2 : 0,036 =

3 Runde auf zwei Dezimalstellen! Mache auch eine Überschlagsrechnung!

a) 6,4 : 0,3 =
b) 17,1 : 5,4 =
c) 4,9 : 1,8 =
d) 4 : 1,5 =

e) 14 : 6,2 =
f) 0,5 : 0,19 =
g) 2 : 3,5 =
h) 1,45 : 0,71 =

i) 45 : 29 =
j) 0,261 : 4,8 =
k) 3,14 : 0,15 =
l) 820 : 35 =

4 Runde auf zwei Dezimalstellen!

a) 26,55 : 3,21 =
b) 4,829 : 1,95 =
c) 1,777 : 0,513 =

d) 14,322 : 0,75 =
e) 0,5 : 2,69 =
f) 47,3 : 1,95 =

Dividieren durch dezimale Einheiten

Beispiel: Berechne!

a) 2,56 : 0,1 = 25,6 — Durch Verschieben des Kommas um ein Stelle erhältst du sofort das Ergebnis.

b) 82,643 : 0,01 = 8 264,3 — Durch Verschieben des Kommas um 2 Stellen erhältst du sofort das Ergebnis.

c) 0,05 : 0,001 =
= 0,050 : 0,001 = 50 — Durch Verschieben des Kommas um 3 Stellen erhältst du sofort das Ergebnis.

Wenn du

- **durch 0,1 dividierst**, verschiebt sich das **Komma um eine Stelle nach rechts.** Dabei erhältst du dasselbe Ergebnis wie wenn du **mit 10 multiplizierst**.
- **durch 0,01 dividierst**, verschiebt sich das **Komma um zwei Stellen nach rechts.** Dabei erhältst du dasselbe Ergebnis wie wenn du **mit 100 multiplizierst**.
- **durch 0,001 dividierst**, verschiebt sich das **Komma um drei Stellen nach rechts.** Dabei erhältst du dasselbe Ergebnis wie wenn du **mit 1 000 multiplizierst**.

Vorrangregeln

Für das **Rechnen mit Dezimalzahlen** gelten die **gleichen Rechenregeln** wie für das Rechnen mit natürlichen Zahlen. Das heißt, es gilt **KLA – PU – STRI**.

Beispiel: Berechne!

a) 5,2 + 3,2 · 2,5 = — zuerst Punktrechnung (·)
= 5,2 + 8,00 = — dann Strichrechnung (+)
=13,2

NR:
```
3,2 · 2,5
 64
 160
8,00
```

b) 4,5 · (8,2 – 6,3 : 2,1) = — zuerst in der Klammer
= 4,5 · (8,2 – 3) = — Division
= 4,5 · 5,2 = — dann Subtraktion
= 23,4 — zum Schluss Multiplikation

NR: 6,3 : 2,1 = 3
```
 4,5 · 5,2
225
  90
23,40
```

c) (107,97 – 35,3) : (2,5 + 14,4) =
= 72,67 : 16,9 =
= 4,3

NR:
```
 107,97      2,5      72,67 : 16,9
– 35,3      14,4      726,7 : 169 = 4,3
  72,67     16,9       507
                         0 Rest
```

Beispiel:
Auf einen PKW-Anhänger darf man 350 kg aufladen. Herr Gärtner kauft 5 Säcke Erde zu je 30 kg und 2 Säcke Rindenmulch zu je 40 kg. Zusätzlich kauft er noch 4 Rasenbegrenzungssteine zu je 25 kg. Wie viele kg darf er noch aufladen, wenn er alles auf einmal nach Hause transportieren will? Schreibe zunächst die Rechnung in einer Zeile an! Vielleicht musst du auch Klammern verwenden.

350 – (30 · 5 + 2 · 40 + 25 · 4) =
= 350 – (150 + 80 + 100) =
= 350 – 330 = 20 — Herr Gärtner dürfte noch 20 kg aufladen.

Die 4 Grundrechnungsarten, Vorrangregeln, Textaufgaben

1 Berechne!

a) $2{,}4 : 0{,}1 =$

b) $32{,}57 : 0{,}01 =$

c) $5{,}6789 : 0{,}001 =$

d) $0{,}123 : 0{,}1 =$

e) $0{,}01 : 0{,}001 =$

f) $0{,}5 : 0{,}01 =$

2 Berechne! Mach zunächst eine Überschlagsrechnung!

a) $7{,}5 \cdot 8{,}2 + 4{,}73 =$

b) $56{,}7 - 13{,}5 \cdot 2{,}8 =$

c) $2{,}44 : 2 + 0{,}8 \cdot 4{,}2 =$

d) $3{,}24 \cdot 4{,}5 - 2 : 0{,}2 =$

e) $37{,}5 \cdot 0{,}89 - 5{,}8 \cdot 4{,}6 =$

f) $8{,}5 \cdot 21{,}5 - 24{,}32 : 3{,}2 =$

3 Berechne!

a) $(12{,}5 + 89{,}37) \cdot 7{,}68 =$

b) $46{,}872 : 3{,}78 - (5{,}89 + 4{,}61) =$

c) $(8{,}6 \cdot 2{,}7 + 57{,}3) - (45{,}7 - 36{,}21) =$

d) $8{,}9 \cdot 32{,}4 - (1{,}5 + 12{,}64) \cdot 2{,}2 =$

4 Laura macht mit ihren Eltern eine Radtour entlang der Donau von Enns nach Tulln in vier Etappen. Die Entfernung der beiden Städte beträgt 164 km. Laura schreibt sich jeden Tag am Abend auf, wie weit sie an diesem Tag gefahren sind: am ersten Tag 35,4 km, am zweiten Tag 42,7 km, am dritten Tag 45,9 km. Welche Strecke müssen sie am vierten Tag noch fahren? Schreibe zunächst die Rechnung in einer Zeile an! Vielleicht musst du auch Klammern verwenden.

5 Marco und Dani fahren in den Ferien jeden Tag mit dem Fahrrad ins Bad. Zu Hause zeigt Danis Fahrradcomputer 1 030,4 km, beim Bad 1 038,2 km an. In der letzten Juliwoche war jeden Tag Badewetter. Wie viele km ist Dani in dieser Woche gefahren?
Schreibe zunächst die Rechnung in einer Zeile an! Vielleicht musst du auch Klammern verwenden.

6 Max trinkt gerne naturtrüben Apfelsaft. Im Geschäft kostet 1 Liter Apfelsaft 3,50 €, direkt beim Erzeuger dagegen nur 2,60 €. Für die Fahrt zum Erzeuger muss Max allerdings 5,50 € bezahlen.

a) Lohnt sich die Fahrt zum Bauern, wenn Max 6 Liter Apfelsaft kaufen möchte?
b) Wie viel Euro spart er, wenn er 12 Liter beim Erzeuger kauft?
c) Wie viel Liter Apfelsaft hat Max beim Erzeuger eingekauft, wenn er mit Fahrtkosten 52,30 € ausgibt?

7 Sophie geht einkaufen. Wie schwer muss sie tragen, wenn sie 2 kg Mehl, 1,5 kg Äpfel, 450g Wurst, 1,25 kg Bananen und 0,75 kg Brot kauft und der Einkaufskorb selbst 1,2 kg wiegt?

8 Auf dem Heimweg kommt Sophie am Markt vorbei. Sie kauft noch 0,8 kg Birnen. Sie bezahlt mit einem 5 €-Schein und erhält 3,80 € zurück. Wie viel kostet 1 kg Birnen?

9 Herr Bartosch fährt zur Tankstelle und tankt 42 Liter Diesel zu 1,285 € pro Liter. Außerdem kauft er noch 1,5 Liter Motoröl, wobei ein Liter 7,50 € kostet. An der Kassa bezahlt Herr Bartosch mit einem 100-€-Schein. Wie viel Geld erhält er zurück?

10 Frau Spitzer fuhr im Jahr 2014 mit ihrem Auto ungefähr 15 000 km. Da sie ein Fahrtenbuch führt, weiß sie genau, wie viel sie in diesem Jahr für das Auto ausgegeben hat. Autoversicherung und Steuer: 1 056 €, Treibstoff: 1 320 €, Service- und Reparaturkosten: 623 €. Berechne die Kosten pro gefahrenen Kilometer (Runde auf c)!

11 Fini und Moni kaufen für ihre Freundin Kathi verschiedene Geschenke zum Geburtstag und wollen sich die Kosten teilen. Fini kauft das T-Shirt um 9,72 € und die Blumen um 3,80 €. Moni besorgt eine DVD, die 19,60 € kostet. Wie viel Geld bekommt Moni von Fini?

Rechnen mit Zeitmaßen

Du weißt schon:

Die **Einheit** der Zeit ist die **Sekunde** (s).

weitere Zeitmaße

1 Minute = 60 Sekunden 1 min = 60 s
1 Stunde = 60 Minuten 1 h = 60 min
1 Tag = 24 Stunden 1 d = 24 h
1 Woche = 7 Tage
1 Monat = 31 Tage (Jänner, März, Mai, Juli, August, Oktober, Dezember)
= 30 Tage (April, Juni, September, November)
= 28 Tage (Februar, in Schaltjahren 29 Tage)
1 Jahr = 12 Monate = 365 Tage (in Schaltjahren 366 Tage)

Beachte: Bei Zeitmaßen wird kein dekadisches System verwendet.

Beispiel: Verwandle in die angegebene Einheit!

a) 2 h in min 2 h = 120 min
$2 \cdot 60 = 120$

b) 5 min in s 5 min = 300 s
$5 \cdot 60 = 300$

c) 0,1 h in min 0,1 h = 6 min
$60 \cdot 0{,}1 = 6$ Da 1 Stunde 60 Minuten hat, muss ein Zehntel einer Stunde 6 Minuten sein.

d) 500 s in min 60 s = 1 min
500 : 60 = 8 Wie oft sind 60 s in 500 s enthalten?
20 Rest 20 s 500 s = 8 min 20 s

Zeitpunkt

Unter einem Zeitpunkt versteht man eine Uhrzeit („Wann?“)

Beispiel: Abfahrtzeit eines Zuges: 10 Uhr 15 (Minuten)
Schreibweise: $10^{h}\ 15^{min}$ oder 10^{15} oder 10.15 Uhr oder 10:15 Uhr

Zeitdauer

Die Zeitdauer ist die Zeitspanne zwischen zwei Zeitpunkten. („Wie lange?“)

Beispiel: Dauer eine Etappe bei der Österreich-Radrundfahrt:
4 Stunden 12 Minuten 24 Sekunden
Schreibweise (in Sportberichten): 4 h 12 min 24 s oder kurz 4:12:24

Beispiel: Es ist jetzt 12:45 Uhr. Wie spät ist es in 30 Minuten?

Nach 30 Minuten ist es 13:15 Uhr.

Du kannst auch eine Rechnung aufstellen:

$$\begin{array}{r} 12\text{ h } 45\text{ min} \\ +\ 30\text{ min} \\ \hline 12\text{ h } 75\text{ min} \end{array} \Rightarrow 13\text{ h } 15\text{ min d. h. } 13^{15}$$

Beispiel:
Der Railjet RJ 538 fährt um 11:14 Uhr in Villach Hauptbahnhof ab und erreicht Wien Meidling um 15:27 Uhr. Wie lange ist der Zug unterwegs?

Du kannst die Zeitspanne zwischen 11:14 Uhr und 15:27 Uhr folgendermaßen errechnen:

Von 11:14 Uhr bis 12:00 Uhr sind es 46 Minuten,
von 12:00 Uhr bis 15:00 Uhr sind es 3 Stunden,
von 15:00 Uhr bis 15:27 Uhr sind es 27 Minuten.
Also 46 Minuten + 3 Stunden + 27 Minuten = 3 h 73 min = 4 h 13 min

Der Zug ist 4 h 13 Min unterwegs.

Du kannst die Rechnung auch als Subtraktion anschreiben:

Ankunft:	15 h 27 min
Abfahrt	– 11 h 14 min
	4 h 13 min

Beispiel:
Berechne die Dauer des Tages*, wenn die Sonne um 7:39 Uhr aufgeht und um 16:06 Uhr untergeht!

* Unter der Tageslänge (lichter Tag) versteht man die Zeitspanne zwischen Sonnenaufgang und Sonnenuntergang.

16 h 06 min
– 7 h 39 min

Tipp: 39 Minuten können nicht von 6 Minuten abgezogen werden. Rechne eine der 16 Stunden in Minuten um!

15 h 66 min
– 7 h 39 min
8 h 27 min

Der Tag dauert 8 Stunden und 27 Minuten.

Beispiel:
Cathrin besucht in den Weihnachtsferien ihren Onkel in New York. Sie fliegt mit dem Flugzeug um 10:15 Uhr von Wien weg. Cathrin weiß, dass es in New York erst 10:00 Uhr ist, wenn es in Österreich 16:00 Uhr ist (Zeitverschiebung). Wann kommt sie in New York (Ortszeit) an, wenn sie 9 Stunden und 55 Minuten Flugzeit hat?

Abflugzeit	10 h 15 min
Flugdauer	9 h 55 min
	19 h 70 min
	= 20 h 10 min

Die Ankunftszeit ist 20:10 Uhr österreichische Zeit.

Nun musst du noch die Zeitverschiebung berücksichtigen:

In New York ist es 6 Stunden früher.

Ankunftszeit New York:

20 h 10 min
– 6 h
14 h 10 min

Cathrin kommt um 14:10 Uhr Ortszeit in New York an.

Rechnen mit Zeitmaßen

1 Verwandle in die angegebene Einheit!

a) 90 s in min
b) 390 min in h
c) 30 Tage in h
d) 604 800 s in d

---

2 Eine Uhr geht um 15 min nach. Gib die richtige Zeit an, wenn die Uhr

a) 5:29 Uhr b) 11:41 Uhr c) 16:50 Uhr d) 23:51 Uhr e) 8:58 Uhr
anzeigt!

a) ________ b) ________ c) ________ d) ________ e) ________

---

3 Eine Uhr geht um 20 min vor. Gib die richtige Zeit an, wenn die Uhr

a) 7: 20 Uhr b) 18:35 Uhr c) 10:51 Uhr d) 9:13 Uhr e) 0:12 Uhr
anzeigt!

a) ________ b) ________ c) ________ d) ________ e) ________

---

4 Wie viele Minuten sind vergangen:

a) von 10:24 Uhr bis 11:00 Uhr?
b) von 15:40 Uhr bis 16:25 Uhr?
c) von 21:55 Uhr bis 22:37 Uhr?
d) von 23:30 Uhr bis 0:13 Uhr?

---

5 Ein Autobus, der um 13^{45} ankommen sollte, hat wegen eines Motorschadens 3 h 25 min Verspätung. Berechne die tatsächliche Ankunftszeit!

---

6 Berechne die Zeit von Sonnenaufgang bis Sonnenuntergang!

	a)	b)	c)	d)
Sonnenaufgang:	7:58 Uhr	4:53 Uhr	4:14 Uhr	6:42 Uhr
Sonnenuntergang:	17:15 Uhr	19:47 Uhr	20:39 Uhr	17:32 Uhr

---

7 Gegeben sind Abfahrt- und Ankunftszeiten eines Zuges. Berechne die Fahrtdauer!

a) RJ 662
Wien West 17:30
Bregenz: 00:10

b) IC 515
Innsbruck 8:24
Graz 14:14

c) IC 691
Klagenfurt 12:45
Linz 17:27

---

8 Familie Pichler plant in den Weihnachtsferien Urlaub in Mexiko zu machen. Wie lange ist die Familie unterwegs, wenn sie um 6:15 Uhr in Wien wegfliegt und um 19:50 Uhr Ortszeit in Mexico City ankommt?
Beachte: Wenn es in Wien 16:00 Uhr ist, ist es in Mexico City erst 9:00 Uhr früh.

Statistik

Mittelwert

Um den **Mittelwert (M)** zu berechnen, musst du die **Summe der Einzelwerte** durch die **Anzahl der Einzelwerte** dividieren. Dieser Mittelwert wird auch als **arithmetisches Mittel** bezeichnet.

Beispiel:
Luki erzielt beim Leichtathletiktraining bei drei Versuchen folgende Ergebnisse:

	1	2	3	Mittelwert
60 m-Lauf	11,3 s	11,5 s	10,8 s	**11,2 s**
Weitsprung	3,27 m	2,95 m	3,14 m	**3,12 m**
Schlagballwurf	25,5 m	32 m	20,5 m	**26 m**

Berechne jeweils den Mittelwert und trage ihn in der Tabelle ein!

60 m-Lauf: $11{,}3 + 11{,}5 + 10{,}8 = 33{,}6$ $33{,}6 : 3 = 11{,}2$

Weitsprung: $3{,}27 + 2{,}95 + 3{,}14 = 9{,}36$ $9{,}36 : 3 = 3{,}12$

Schlagball: $25{,}5 + 32 + 20{,}5 = 78{,}0$ $78 : 3 = 26$

Darstellen von Daten

Listen, Tabellen

An einer Kreuzung wird eine **Erhebung** durchgeführt. Dabei wird die Anzahl der vorbeifahrenden Fahrzeuge bestimmt. Eine solche Messung (Beobachtung) wird als **Stichprobe** bezeichnet.

Die Daten werden in einer **Tabelle** mit Hilfe einer **Strichliste** dargestellt.

Fahrzeug	Radfahrer	Motorräder	PKW	LKW
Häufigkeit	𝍸 I	IIII	𝍸 𝍸 II	II

Darstellung als Aufzählung der **absoluten Häufigkeiten**

Fahrzeug	Radfahrer	Motorräder	PKW	LKW
Häufigkeit	6	4	12	2

Balkendiagramm

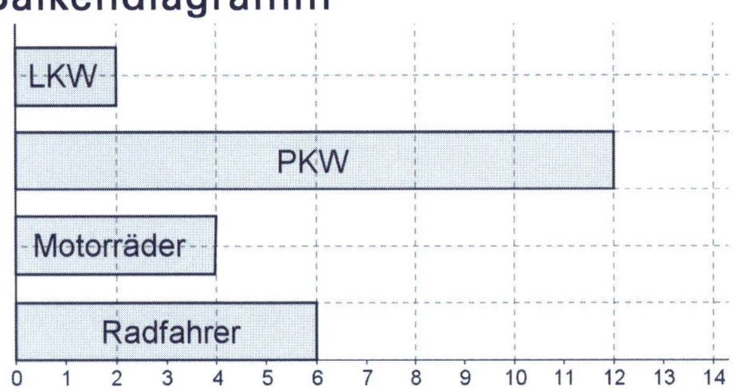

Wenn die absoluten Häufigkeiten der Fahrzeuge durch **gleich breite** und **entsprechend lange Rechtecke waagrecht dargestellt** werden, spricht man von einem Balkendiagramm.

Säulendiagramm

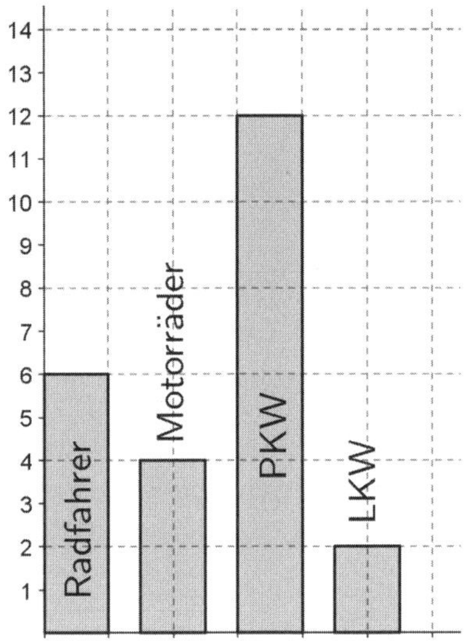

Es werden die absoluten Häufigkeiten der Fahrzeuge durch **gleich breite** und **entsprechend hohe Rechtecke senkrecht** dargestellt.

Piktogramm

Mit Hilfe von Bildsymbolen kann man eine schnelle Übersicht über die Größe von Daten bekommen. Verschieden große Bilder stehen für verschieden große Zahlen.
Mit Hilfe eines Piktogramms werden die **acht bevölkerungsreichsten Länder der Erde** dargestellt.

Statistik

1 Berechne den Mittelwert von:

a) 48 kg und 32 kg b) 27 dag und 19 dag c) 24 € und 35 €

2 Berechne den Mittelwert von:

a) 7, 9, 11 b) 6, 9, 16, 20 c) 10, 15, 18, 22

3 In einer Schule hat die 1a-Klasse 27 Schüler, die 1b-Klasse 24 Schüler, die 1c-Klasse 26 Schüler und die 1d-Klasse 27 Schüler. Berechne die durchschnittliche Schülerzahl für die ersten Klassen!

4 An den einzelnen Tagen einer siebentägigen Reise wurden mit dem Auto 136 km, 204 km, 162 km, 159 km, 97 km, 183 km und 123 km zurückgelegt. Wie viel km betrug die mittlere Tagesstrecke?

5 Im Laufe der Woche (Montag bis Samstag) werden in einem Lebensmittelgeschäft folgende Geldbeträge eingenommen: 653 €, 1 056 €, 895 €, 543 €, 1 288 €, 1 181 €. Berechne das arithmetische Mittel der Einnahmen! An welchen Tagen lagen die Einnahmen über, an welchen Tagen unter dem Mittelwert?

6 In der Tabelle sind die monatlichen Niederschlagsmengen in mm für die Stadt Salzburg für ein ganzes Jahr angegeben. Berechne die durchschnittliche Niederschlagsmenge für das ganze Jahr (Runde auf Zehntel)! In welchen Monaten lag die Niederschlagsmenge unter dem Durchschnitt, in welchen darüber?

Jän.	Feb.	März	April	Mai	Juni	Juli	Aug.	Sep.	Okt.	Nov.	Dez.
63,4	59,1	66,1	82,9	128,6	154,3	160,0	152,8	89,9	68,0	73,9	71,4

7 In der Tabelle sind acht bekannte Berge Österreichs angegeben. Runde zunächst auf Hunderter und stelle dann die Höhen in einem Säulendiagramm dar.
Nimm für 50 Höhenmeter 1 mm an!

Großglockner	3 798 m	Hochkönig	2 941 m
Weißkugel	3 738 m	Hochschwab	2 277 m
Piz Buin	3 312 m	Schneeberg	2 075 m
Dachstein	2 995 m	Stuhleck	1 782 m

8 Stelle die Einwohnerzahl der 8 bevölkerungsreichsten Länder der Erde in einem Balkendiagramm dar! Entnimm die Einwohnerzahlen dem Musterbeispiel!
Überlege vorher, welche Einheit für die Darstellung von 10 Millionen Einwohnern sinnvoll ist!

Gleichungen

Variable

Eine **Variable** (Platzhalter) steht

- für **beliebige Zahlen** (allgemeine Zahlen), z. B. in Rechengesetzen
  Beispiel: Kommutativgesetz der Addition $a + b = b + a$
- für **bestimmte Zahlen**, die zunächst unbekannt sind, z. B. in Gleichungen.
  Für diese Unbekannte(n) suchen wir Zahlen.

Was ist eine Gleichung?

Bei einer **Gleichung** werden eine linke Seite und eine rechte Seite durch ein „=" verbunden.

z. B. $x + 5 \quad = \quad 14$

linke Seite = rechte Seite

Wenn du für x die **richtige Zahl** suchst, sagt man, du **löst diese Gleichung**.

Setzt du für $x = 9$ ein, stimmt die linke Seite mit der rechten Seite überein. 9 ist eine Lösung der Gleichung.

Die **Gleichung lösen** bedeutet, dass du die richtige Zahl für die Unbekannte (Variable) bestimmst. Diese Zahl heißt Lösung.

Beispiel: Löse die Gleichung $x - 3 = 15$!

Die Gleichung bedeutet in Worten:

Von welcher Zahl muss man 3 abziehen, um 15 zu erhalten?
Die Antwort ist 18, denn $18 - 3 = 15$.
Die Lösung der Gleichung lautet also $x = 18$.
Um die Lösung zu kontrollieren, setzt man in der Gleichung für x die Zahl 18 ein.

Probe:

$18 - 3 = 15$ wahre Aussage, die Lösung stimmt.

Beispiel:
Welche Zahl ist Lösung der Gleichung $3 \cdot x + 5 = 41$? Kreuze die richtige Lösung an!

☐ 6 ☐ 8 ☐ 12 ☐ 14

$3 \cdot 6 + 5 = 23$ Setze für x der Reihe nach die Zahlen 6, 8, 12, 14 ein.

$3 \cdot 8 + 5 = 29$

$3 \cdot 12 + 5 = 41$ Für $x = 12$ erhält man die richtige Lösung.

$3 \cdot 14 + 5 = 47$

also: ☐ 6 ☐ 8 ☒ **12** ☐ 14

Beispiel:
Welche Zahl musst du zu 26 addieren, um 37 zu erhalten. Wie lautet die Zahl? Schreibe die Gleichung und die Lösung an!

Gleichung: $26 + a = 37$ Wenn man für a 11 einsetzt, stimmt die Gleichung.
$a = 11$ Die gesuchte Zahl ist 11.

Beispiel:
Wenn man vom Doppelten einer Zahl 8 subtrahiert, erhält man 12. Wie lautet die Zahl? Schreibe die Gleichung und die Lösung an!

Gleichung: $2 \cdot x - 8 = 12$ Wenn man für x 10 einsetzt, stimmt die Gleichung.
$x = 10$ Die gesuchte Zahl ist 10.

Du kannst eine Gleichung durch Probieren oder mit einer Zeichnung (graphisch) lösen.

Beispiel: Löse die Gleichung $2 \cdot x + 4 = 10$ graphisch! Mache auch die Probe!

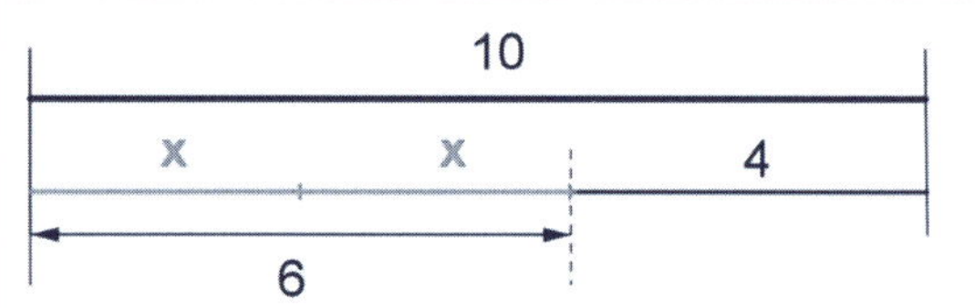

Wenn du die Gleichung mit Hilfe von Strecken darstellst, kannst du direkt aus der Zeichnung die Lösung entnehmen:
$x = 3$

Probe: $2 \cdot 3 + 4 = 10$ Achtung: Punkt- vor Strichrechnung
$6 + 4 = 10$ w. A. wahre Aussage

Formeln

Mit Hilfe von Gleichungen kannst du auch Formeln aufstellen, wie z. B. für den Umfang eine Rechtecks $u = 2 \cdot a + 2 \cdot b$. Du kannst aber auch Formeln aus einem Text aufstellen.

Beispiel:
Im Strandbad sind an einem Sommertag P Personen, und zwar E Erwachsene und K Kinder.

a) Gib eine Formel für die Anzahl der Badegäste an!
b) Ein Erwachsener zahlt 8 € Eintritt, ein Kind 2,50 €. Wie viel € bezahlen die E Erwachsenen, wie viele Euro die K Kinder? Stelle eine Formel auf!
c) Wie viel Euro wurden eingenommen, wenn 85 Erwachsene und 100 Kinder das Bad besucht haben? Stelle zunächst eine Formel für die Gesamteinnahmen G auf!

a) $P = E + K$ Es sind E Erwachsene und K Kinder im Bad.
b) $8 \cdot E$ Jeder Erwachsene zahlt 8 €, daher zahlen E Erwachsene $8 \cdot E$ Euro.
$2{,}50 \cdot K$ Jedes Kind bezahlt 2,50 €. daher zahlen K Kinder $2{,}50 \cdot K$ Euro.
c) $G = 8 \cdot E + 2{,}50 \cdot K$ Die Gesamteinnahmen setzen sich aus dem Betrag, den die Erwachsenen bezahlen und dem Betrag, den die Kinder bezahlen, zusammen.
$G = 8 \cdot 85 + 2{,}50 \cdot 100$ Einsetzen für die Anzahl der E und der K.
$G = 680 + 250 = 930$ Es wurden 930 € eingenommen.

Gleichungen, Formeln

1 Löse und mache die Probe!

a) $x + 15 = 40$ b) $23 + a = 49$ c) $8 + z = 24$ d) $125 + u = 300$

2 Löse und mache die Probe!

a) $x - 15 = 12$ b) $a - 8 = 32$ c) $30 - x = 16$ d) $450 - z = 210$

3 Löse und mache die Probe!

a) $x \cdot 7 = 56$ b) $8 \cdot z = 48$ c) $12 \cdot u = 60$ d) $b \cdot 30 = 600$

4 Löse und mache die Probe!

a) $x : 5 = 6$ b) $u : 2 = 12$ c) $35 : a = 5$ d) $200 : y = 25$

5 Kreuze die richtige Lösung an!

a) $2 \cdot x + 5 = 25$

☐ $x = 7$ ☐ $x = 9$ ☐ $x = 10$ ☐ $x = 13$

b) $56 - 2 \cdot x = 38$

☐ $x = 5$ ☐ $x = 9$ ☐ $x = 10$ ☐ $x = 13$

c) $x : 3 - 6 = 4$

☐ $x = 10$ ☐ $x = 24$ ☐ $x = 27$ ☐ $x = 30$

d) $x : 5 + 18 = 26$

☐ $x = 20$ ☐ $x = 30$ ☐ $x = 40$ ☐ $x = 50$

6 Was gehört zusammen? Verbinde!

Subtrahiere x von 2.	$2 \cdot x$
Das Doppelte von x.	$x + 2$
Teile 2 durch x.	$x : 2$
Addiere 2 zu x.	$2 - x$
Dividiere x durch 2.	$x - 2$
Vermindere x um 2.	$2 : x$

---

7 Welcher Text gehört zu welcher Gleichung?

A: Welche Zahl muss man zu 12 addieren, um 18 zu erhalten?
B: Von welcher Zahl muss man 12 subtrahieren, um 18 zu erhalten?
C: Welche Zahl muss man von 18 subtrahieren, um 12 zu erhalten?

$18 - x = 12$ $x - 12 = 18$ $12 + x = 18$

---

8 Schreibe als Gleichung und gib die Lösung an!

a) Um welche Zahl muss man 28 vermehren, um 50 zu erhalten?
b) Das Doppelte einer Zahl vermehrt um 20 ergibt 28.
c) Welche Zahl muss man von 34 subtrahieren, um 22 zu erhalten?
d) Das Sechsfache einer Zahl ist 72.
e) Durch welche Zahl muss man 42 dividieren, um 14 zu erhalten?
f) Welche Zahl muss man durch 5 dividieren, um 45 zu erhalten?

---

9 Manuel kauft B Buntstifte und F Filzstifte.

a) Wie viele Stifte kauft er insgesamt?

____

b) Ein Buntstift kostet 0,70 €, ein Filzstift 1,20 €.
Wie viel kosten die Buntstifte?

____

Wie viel kosten die Filzstifte?

____

c) Wie viel bezahlt er für 8 Buntstifte und 12 Filzstifte?

____

---

10 Löse graphisch!

a) $2 \cdot x + 6 = 10$ b) $x + 4 = 9$

Ungleichungen

Bei Ungleichungen sind die linke und die rechte Seite durch ein **Ungleichungszeichen** verbunden.

Ungleichungszeichen $<$ … kleiner $\leq$ … kleiner oder gleich
$>$ … größer $\geq$ … größer oder gleich

Beispiel: Für welche natürlichen Zahlen gilt $x \leq 5$?
x kann 0, 1, 2, 3, 4 oder 5 sein.
Lösungsmenge $L = \{0, 1, 2, 3, 4, 5\}$

Alle Lösungen einer Ungleichung werden in der **Lösungsmenge L** angeschrieben.

Beispiel: Für welche natürlichen Zahlen x gilt $19 > x > 14$?
x liegt zwischen 19 und 14.
Für x kannst du **18** einsetzen: $19 > 18 > 14$ w. A.
Für x kannst du **17** einsetzen: $19 > 17 > 14$ w. A.
Für x kannst du **16** einsetzen: $19 > 16 > 14$ w. A.
Für x kannst du **15** einsetzen: $19 > 15 > 14$ w. A.
$L = \{15, 16, 17, 18\}$

Wichtige Begriffe

… **kleiner** 9: $x < 9$
$L = \{0, 1, 2, 3, 4, 5, 6, 7, 8\}$

… **höchstens** 15: Das bedeutet, dass die Zahlen 15 oder kleiner sind:
$x \leq 15$ Man sagt: x ist kleiner oder gleich 15.
$L = \{0, 1, 2, 3, \ldots, 14, 15\}$

… **größer** 12: $x > 12$
$L = \{13, 14, 15, \ldots\}$

… **mindestens** 8: Das bedeutet, dass die Zahlen 8 oder größer sind.
$x \geq 8$ Man sagt: x ist größer oder gleich 8.
$L = \{8, 9, 10, 11, \ldots\}$

… **zwischen** 10 und 20 alle Zahlen größer als 10 und kleiner als 20
$10 < x < 20$ Man sagt: 10 kleiner x kleiner 20.
$L = \{11, 12, 13, \ldots, 18, 19\}$

Beispiel:
Welche natürlichen Zahlen sind größer als 12 und höchstens 17?
Schreibe als Ungleichungskette!
Das gilt für die Zahlen 13, 14, 15 16, 17:
$12 < x \leq 17$

Ungleichungen

1 Für welche natürlichen Zahlen gilt die Ungleichung? Schreibe die Lösungsmenge an!

a) $x < 12$ b) $a > 13$ c) $z \leq 6$ d) $u \geq 3$

e) $x \geq 123$ f) $x > 0$ g) $x \geq 0$ h) $x < 1$

---

2 Für welche natürlichen Zahlen gilt die Ungleichungskette? Schreibe die Lösungsmenge an!

a) $3 \leq x < 9$ b) $37 < x < 45$ c) $15 \geq x \geq 8$ d) $995 \leq x \leq 1\,000$

---

3 Schreibe als Ungleichung und gib die Lösungsmenge an!

a) Welche natürlichen Zahlen sind größer als 15?

b) Welche natürlichen Zahlen sind kleiner oder gleich 8?

c) Welche natürlichen Zahlen sind kleiner als 12?

d) Welche natürlichen Zahlen sind größer oder gleich 28?

---

4 Schreibe als Ungleichungskette und gib die Lösungsmenge an!

a) Welche natürlichen Zahlen liegen zwischen 19 und 30?

b) Welche natürlichen Zahlen sind größer oder gleich 12 und kleiner als 25?

c) Welche natürlichen Zahlen sind größer als 7 und kleiner als 18?

d) Welche natürlichen Zahlen sind größer oder gleich 125 und kleiner oder gleich 135?

---

5 Für welche natürlichen Zahlen gilt $x + 2 < 7$? Kreuze sie an!

☐ 0 ☐ 1 ☐ 2 ☐ 3 ☐ 4 ☐ 5 ☐ 6 ☐ 7 ☐ 8 ☐ 9 ☐ 10

---

6 Schreibe als Ungleichungskette an! Verwende P als Variable für die Punktezahl. Man kann höchstens 48 Punkte erreichen.

a) Auf die Mathematikschularbeit bekommt man die Note „Gut“, wenn man mindestens 39 und höchstens 44 Punkte hat.

b) Auf die Mathematikschularbeit bekommt man eine positive Note, wenn man mehr als 23 Punkte erreicht.

Bruchrechnen

Teile den Kreis in vier gleich große Teile.

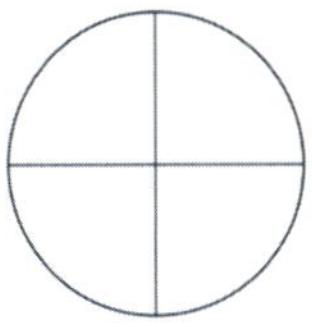

Bemale einen Teil davon:

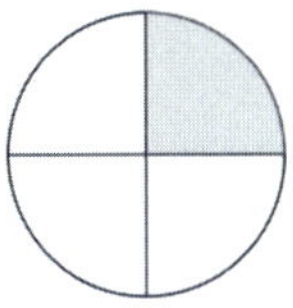

Du hast ein Viertel der Kreisfläche bemalt.

Schreibweise: $\frac{1}{4}$

Bemale zwei Teile:

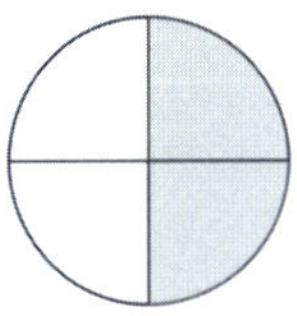

$\frac{2}{4}$

Du hast zwei Viertel bemalt.

Bemale drei Teile:

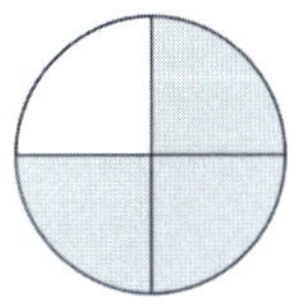

$\frac{3}{4}$

Du hast drei Viertel bemalt.

Die Unterteilung in 4 **gleich große Teile** gibt dem Bruch den Namen:
Viertel, im **Nenner** steht 4.
Die **Anzahl** der Flächen, die du bemalt hast, steht im **Zähler**.

$$\frac{a}{b} = \frac{\text{Zähler}}{\text{Nenner}}$$

Der **Nenner** gibt dem Bruch den Namen, er gibt an, in wie viele gleich große Teile das Ganze geteilt wurde.
Der **Zähler** gibt die Anzahl der (bemalten) Teile an.

Beispiel: Welcher Bruchteil ist dargestellt?

a)

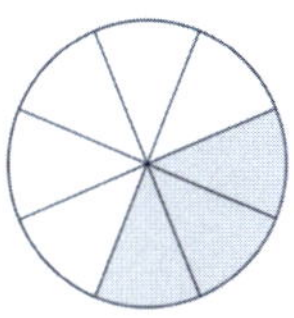

Der Kreis ist in 8 gleiche Teile geteilt: Achtel, Nenner 8.
Drei Teile sind bemalt: 3 im Zähler.

Bruch: $\frac{3}{8}$

b)

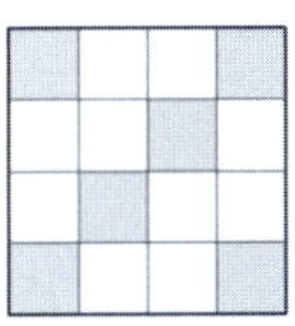

$\frac{6}{16}$

c)

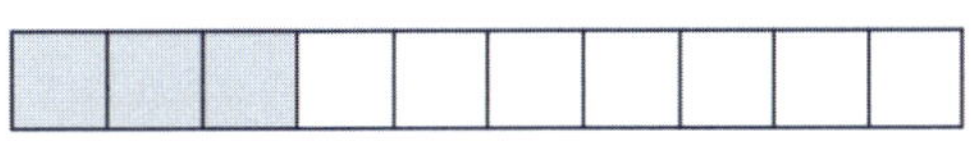

$\frac{3}{10}$

d)

$\frac{1}{3}$

Arten von Brüchen

Echter Bruch – weniger als ein Ganzes

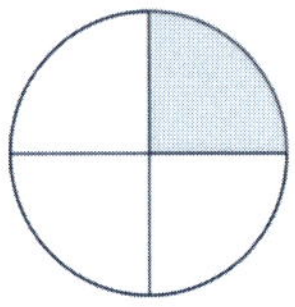 $\frac{1}{4}$ 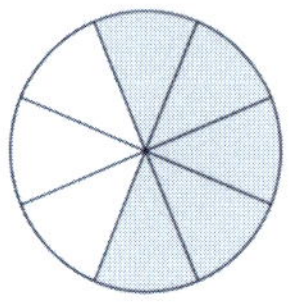 $\frac{5}{8}$ 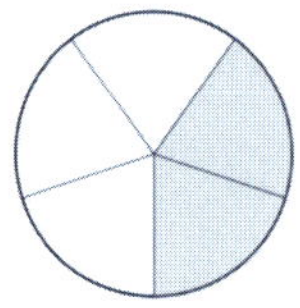 $\frac{2}{5}$

Bei einem echten Bruch ist der Zähler kleiner als der Nenner.

Unechter Bruch – mehr als ein Ganzes

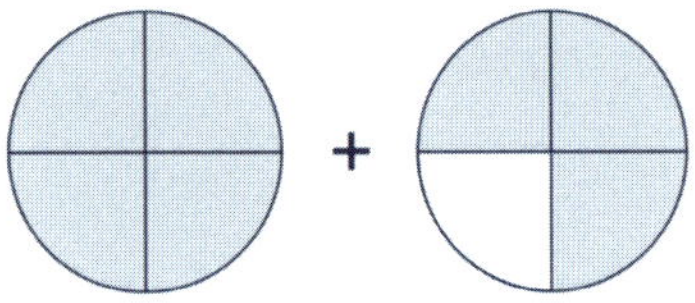

$$\frac{4}{4}+\frac{3}{4}=\frac{7}{4}$$

oder $1+\frac{3}{4}=1\frac{3}{4}$

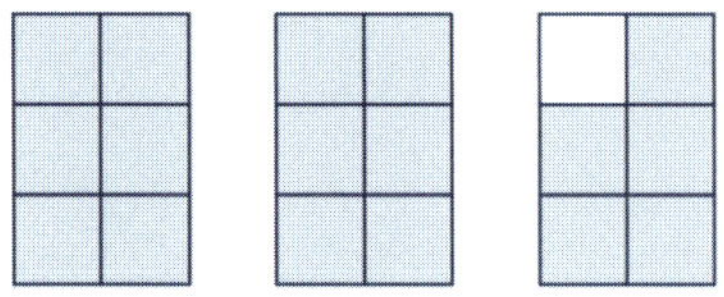

$$\frac{6}{6}+\frac{6}{6}+\frac{5}{6}=\frac{17}{6}$$

oder $1+1+\frac{5}{6}=2\frac{5}{6}$

$1\frac{3}{4}$ und $2\frac{5}{6}$ sind **gemischte Zahlen.**

Beispiel:

a) Verwandle $\frac{7}{4}$ in eine gemischte Zahl!

7 : 4 = 1 Man erhält ein Ganzes und drei Viertel bleiben über.
3 Rest $\frac{7}{4}=1\frac{3}{4}$

b) Verwandle $2\frac{5}{6}$ in einen unechten Bruch!

2 Ganze sind $\frac{12}{6}$, gibt man $\frac{5}{6}$ dazu, so erhält man:
$2\frac{5}{6}=\frac{12}{6}+\frac{5}{6}=\frac{17}{6}$

Bei einem unechten Bruch ist der Zähler immer größer als der Nenner.
Ein unechter Bruch kann als gemischte Zahl angeschrieben werden.

Brüche, die auch natürliche Zahlen sind

Auch natürliche Zahlen lassen sich als Brüche darstellen:
z. B. $1=\frac{2}{2}$ $1=\frac{4}{4}$ $1=\frac{6}{6}$ $2=\frac{12}{6}$ $3=\frac{15}{5}$

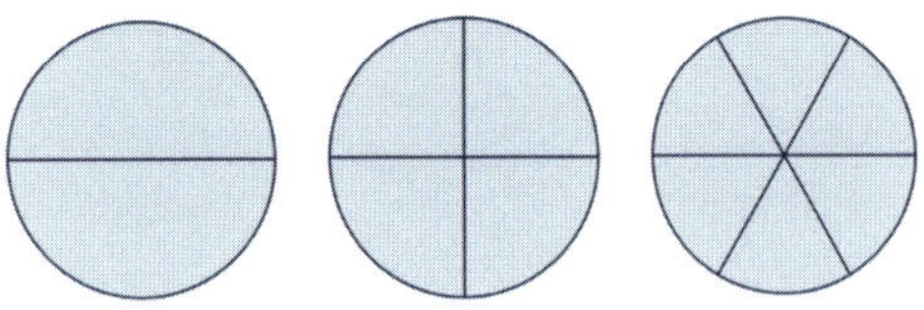 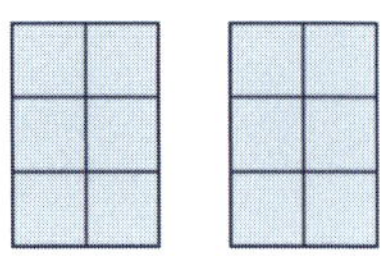 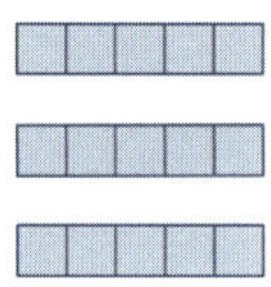

Der Bruch stellt ein Ganzes dar, wenn Zähler und Nenner gleich sind.
Wenn in einem Bruch der Zähler ein Vielfaches des Nenners ist, so erhält man eine natürliche Zahl.

Brüche

1

a) Zeichne $\frac{3}{4}$ ein!

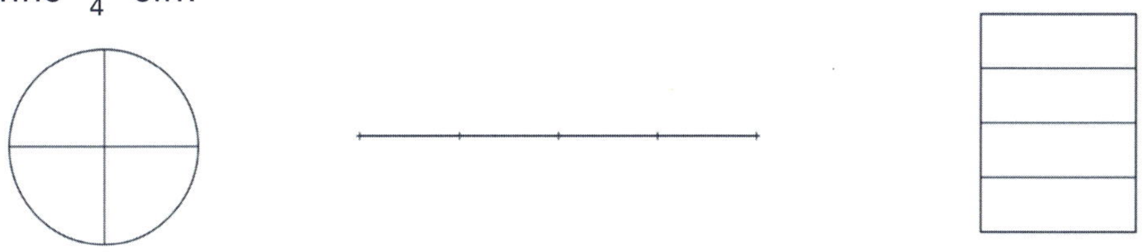

b) Zeichne $\frac{7}{10}$ ein!

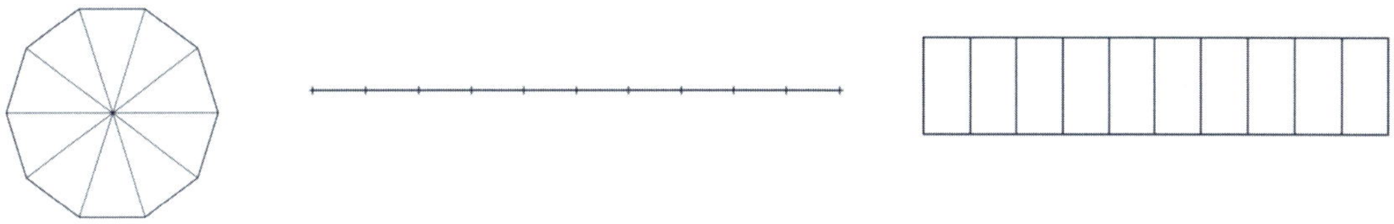

2

Welcher Bruch passt nicht dazu? Kreise ihn ein!

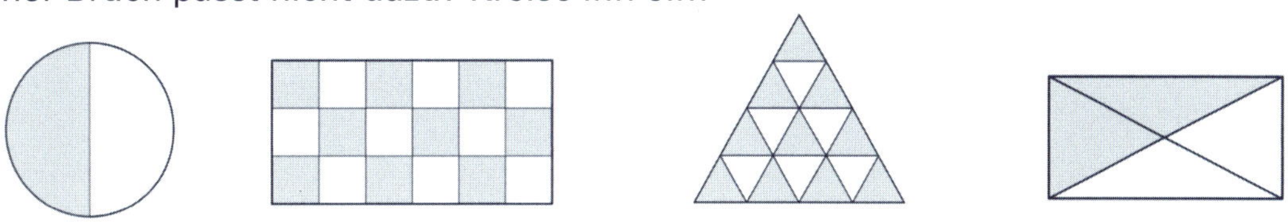

3

Größer oder kleiner als ein Ganzes? Kreuze an!

	größer	kleiner
$\frac{2}{5}$	☐	☐
$\frac{9}{2}$	☐	☐
$2\frac{3}{5}$	☐	☐
$\frac{6}{8}$	☐	☐
$\frac{5}{9}$	☐	☐

4

Um wie viel ist die Zahl mehr oder weniger als ein Ganzes?

$\frac{3}{4}$ ist um $\frac{1}{4}$ weniger als 1.　　$\frac{9}{7}$ ist um ____________ als 1.

$\frac{5}{3}$ ist um ____________ als 1.　　$\frac{7}{10}$ ist um ____________ als 1.

5

Ergänze!

$\frac{30}{\square} = 10$　　$\frac{30}{\square} = 6$　　$\frac{32}{4} = \square$

$\frac{21}{\square} = 7$　　$\frac{\square}{2} = 9$　　$\frac{\square}{3} = 6$

6 Welche Brüche passen zusammen? Verbinde!

$2\frac{1}{3}$	$\frac{19}{3}$
$6\frac{1}{3}$	$\frac{11}{3}$
$3\frac{2}{3}$	$\frac{7}{3}$
$1\frac{2}{3}$	$\frac{14}{3}$
$4\frac{2}{3}$	$\frac{5}{3}$

7 Erich, Thomas und Martin teilen sich eine Pizza, die in 6 Teile geschnitten wurde. Wie viel bekommt jeder? Kennzeichne den Teil, den jeder bekommt, mit verschiedenen Farben!

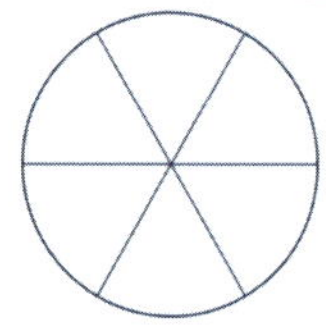

8 Stelle mit Quadraten, die 3 cm Seitenlänge haben, die folgenden Brüche dar!

a) $1\frac{1}{4}$ b) $2\frac{2}{3}$

9 Zeichne $\frac{5}{6}$ und $\frac{2}{3}$ in ein Rechteck, das 6 cm lang und 1 cm breit ist, ein!

10 Verwandle in einen unechten Bruch!

a) $3\frac{3}{4} =$ b) $2\frac{1}{2} =$ c) $1\frac{5}{8} =$ d) $4\frac{1}{5} =$ e) $6\frac{2}{3} =$

f) $2\frac{1}{3} =$ g) $3\frac{2}{3} =$ h) $5\frac{1}{5} =$ i) $10\frac{1}{2} =$ j) $3\frac{1}{3} =$

11 Verwandle in eine gemischte Zahl!

a) $\frac{3}{2} =$ b) $\frac{5}{4} =$ c) $\frac{10}{3} =$ d) $\frac{20}{3} =$ e) $\frac{29}{5} =$

f) $\frac{8}{5} =$ g) $\frac{9}{4} =$ h) $\frac{12}{5} =$ i) $\frac{51}{2} =$ j) $\frac{35}{8} =$

12 Verwandle in Ganze!

a) $\frac{8}{2} =$ b) $\frac{4}{4} =$ c) $\frac{38}{2} =$ d) $\frac{16}{8} =$ e) $\frac{20}{5} =$

f) $\frac{12}{4} =$ g) $\frac{27}{3} =$ h) $\frac{32}{8} =$ i) $\frac{64}{8} =$ j) $\frac{100}{5} =$

Brüche - Dezimalzahlen

Zu jedem Bruch gehört eine Dezimalzahl.

Du kannst sie finden, wenn du Zähler durch Nenner dividierst. Der Bruchstrich wird zum Divisionszeichen.

$\frac{a}{b} = a : b$ $\frac{\text{Zähler}}{\text{Nenner}} = \text{Zähler} : \text{Nenner}$

Beispiel: Finde die Dezimalzahl zu:

a) $\frac{3}{5}$

3 : 5 = 0,6
30
0 Rest

$\frac{3}{5} = 0{,}6$

b) $\frac{7}{10}$

Du liest den Bruch als 7 Zehntel = 7 z = 0,7

$\frac{7}{10} = 0{,}7$

c) $\frac{2}{3}$

2 : 3 = 0,66...
20
20
2

Die Ziffer 6 kommt immer wieder vor, solche Dezimalzahlen nennt man **periodische Dezimalzahlen.**

$\frac{2}{3} = 0{,}\overline{6}$

Die Ziffer, die sich wiederholt, ist 6: über 6 steht ein Strich, damit man erkennt, dass diese Ziffer periodisch ist.

d) $2\frac{3}{4}$

Du brauchst nur $\frac{3}{4}$ umzurechnen.

3 : 4 = 0,75
30
20
0 Rest

$2\frac{3}{4} = 2{,}75$

Dezimalbrüche

Brüche, bei denen im Nenner 10, 100, 1 000, ... usw. steht, werden als Dezimalbrüche bezeichnet.

z. B. $\frac{3}{10}, \frac{5}{100}, \frac{21}{1000}, \ldots$

Stammbrüche

Brüche, bei denen im Zähler 1 steht, werden als Stammbrüche bezeichnet.

z. B. $\frac{1}{2}, \frac{1}{3}, \frac{1}{4}, \frac{1}{10}, \ldots$

Beispiel: Finde einen Bruch und eine Dezimalzahl zu:

a) 9 Zehntel

Dezimalzahl: 0,9 Bruch: $\frac{9}{10}$

b) 23 Hundertstel

Dezimalzahl: 0,23 Bruch: $\frac{23}{100}$

Brüche - Dezimalzahlen

1 Schreibe als Dezimalzahl und als Bruch!

a) 3 Zehntel

b) 5 Hundertstel

c) 12 Hundertstel

d) 3 Tausendstel

e) 3 Ganze 5 Zehntel

f) 1 Ganzes 2 Hundertstel

2 Finde einen Bruch zu:

a) 0,2

b) 0,7

c) 3,1

d) 0,27

e) 3,5

f) 0,91

3 Was gehört zusammen? Verbinde!

0,3	$\frac{33}{100}$
0,33	$\frac{3}{100}$
0,03	$\frac{3}{10}$
3,3	$3\frac{3}{100}$
3,03	$\frac{33}{10}$

4 Welche Brüche sind auf dem Zahlenstrahl markiert?

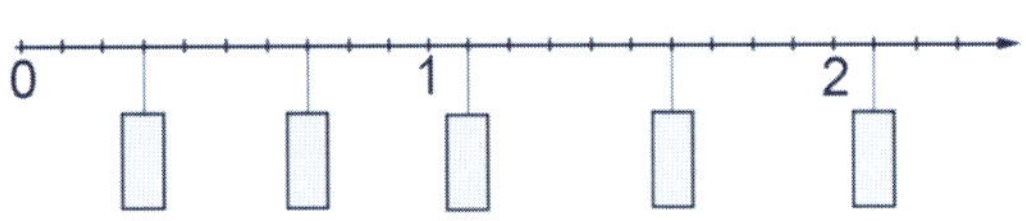

Gib die Brüche auch als Dezimalzahl an!

5 Welche Brüche sind auf dem Zahlenstrahl markiert?

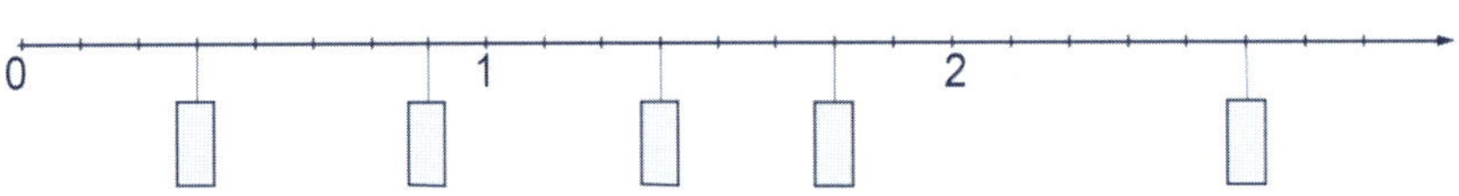

Brüche, die denselben Wert haben

Erweitern

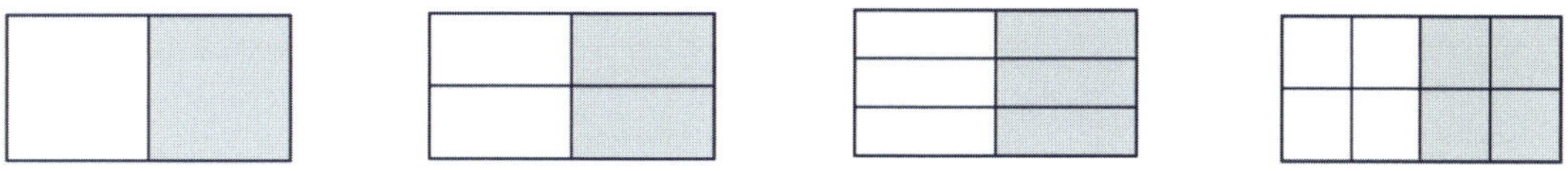

$$\frac{1}{2} = \frac{2}{4} = \frac{3}{6} = \frac{4}{8}$$

Alle Brüche haben denselben Wert.
Um von $\frac{1}{2}$ z. B. auf $\frac{3}{6}$ zu kommen, werden Zähler und Nenner mit 3 multipliziert.

$$\frac{1 \cdot 3}{2 \cdot 3} = \frac{3}{6}$$

Beim **Erweitern** werden Zähler und Nenner mit derselben Zahl (außer 0) multipliziert. Der Wert des Bruchs bleibt gleich.

Beispiel: Erweitere $\frac{3}{5}$ so, dass 10 im Nenner steht!

$\frac{3}{5} = \frac{3 \cdot 2}{10}$

$\frac{3}{5} = \frac{6}{10}$

Der Nenner wird mit 2 multipliziert. Mit derselben Zahl muss auch der Zähler multipliziert werden.

Kürzen

Um einen Bruch auf die einfachste Form zu bringen, kann man so vorgehen:

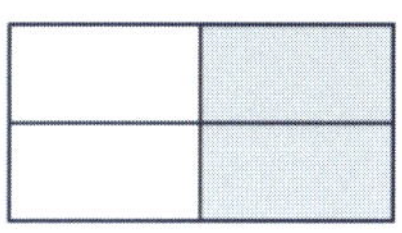

$\frac{2}{4}$ oder $\frac{1}{2}$, es wurde die Hälfte des Rechtecks bemalt. Also $\frac{2}{4} = \frac{1}{2}$

Aber auch: $\frac{3}{6} = \frac{1}{2}$, $\frac{4}{8} = \frac{1}{2}$. Zähler und Nenner werden durch dieselbe Zahl dividiert.

Beim **Kürzen** wird ein Bruch auf die einfachste Form gebracht. Man dividiert Zähler und Nenner durch dieselbe Zahl (außer 0). Der Wert des Bruchs ändert sich nicht.

Beispiel: Bringe die Brüche auf die einfachste Form!

a) $\frac{3}{6} = \frac{3:3}{6:3} = \frac{1}{2}$ Dividiere Zähler und Nenner durch 3.

b) $\frac{4}{8} = \frac{4:4}{8:4} = \frac{1}{2}$ Dividiere Zähler und Nenner durch 4.

c) $\frac{5}{15} = \frac{5:5}{15:5} = \frac{1}{3}$ Dividiere Zähler und Nenner durch 5.

d) $\frac{12}{16} = \frac{12:4}{16:4} = \frac{3}{4}$ Dividiere Zähler und Nenner durch 4.

Vergleichen von Bruchzahlen

Welche Bruchzahl ist größer, $\frac{3}{10}$ oder $\frac{4}{10}$?

Du kannst die Brüche als Dezimalzahl darstellen, also $\frac{3}{10} = 0{,}3$, $\frac{4}{10} = 0{,}4$ mit $0{,}3 < 0{,}4$.

Es gilt daher $\frac{3}{10} < \frac{4}{10}$

Welche Bruchzahl ist größer, $\frac{2}{4}$ oder $\frac{3}{4}$?

Du kannst die Brüche graphisch darstellen.

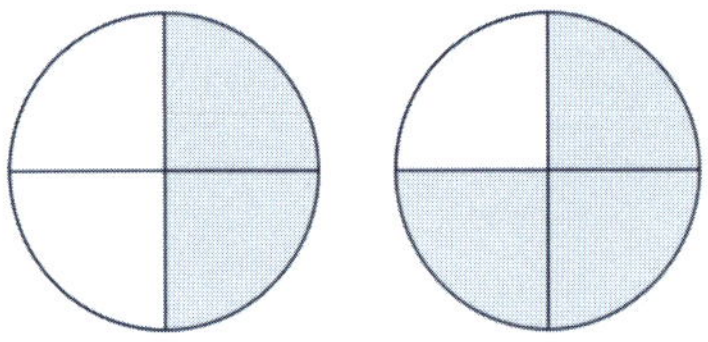

Du erkennst:
$\frac{2}{4} < \frac{3}{4}$

Wenn die Nenner gleich sind, erkennt man an den Zählern, welche Bruchzahl kleiner ist. Die Bruchzahl mit dem kleineren Zähler ist die kleinere Zahl.

Teile einer Stunde, einer Minute

Beispiele:

1 h $= 60$ min	1 min $= 60$ s
$\frac{1}{4}$ h $= 15$ min	$\frac{1}{2}$ min $= 30$ s
$\frac{3}{4}$ h $= 45$ min	$\frac{3}{4}$ min $= 45$ s
$1\frac{1}{2}$ h $= 1$ h 30 min	$5\frac{1}{2}$ min $= 5$ min 30 s

Teile einer Tonne, eines Kilogramms

Beispiele:

$\frac{1}{2}$ t $= 0{,}5$ t $= 500$ kg	$\frac{1}{2}$ kg $= 0{,}5$ kg $= 50$ dag $= 500$ g
$\frac{1}{4}$ t $= 0{,}25$ t $= 250$ kg	$1\frac{1}{4}$ kg $= 1{,}25$ kg $= 1$ kg 25 dag
$2\frac{1}{2}$ t $= 2{,}5$ t $= 2\,500$ kg	$\frac{5}{100}$ kg $= 0{,}05$ kg $= 5$ dag

Teile eines Meters, eines Kilometers

Beispiele:

$\frac{1}{10}$ m $= 0{,}1$ m $= 1$ dm	$1\frac{1}{2}$ m $= 1{,}5$ m $= 1$ m 50 cm
$\frac{3}{100}$ km $= 0{,}03$ km $= 30$ m	$2\frac{3}{4}$ km $= 2{,}75$ km $= 2$ km 750 m
$\frac{3}{4}$ m $= 0{,}75$ m $= 75$ cm	$\frac{8}{10}$ dm $= 0{,}8$ dm $= 8$ cm

Beispiel:

Markus hat für seine Radtour eine 16 km lange Strecke ausgesucht. Nach einer Stunde hat er bereits drei Viertel der Strecke zurückgelegt. Wie viele km muss er noch fahren? Mit welcher Geschwindigkeit fährt er?

Nach einer Stunde: $\frac{3}{4}$ von 16 km $\frac{1}{4}$ von 16 km $= 4$ km $\Rightarrow$ $\frac{3}{4}$ von 16 km $= 12$ km

$16 - 12 = 4$ Markus muss noch 4 km zurücklegen.

Da Markus in einer Stunde 12 km gefahren ist, fährt er mit einer Geschwindigkeit von 12 km pro Stunde. Man schreibt 12 km/h.

Bruchzahlen

1 Welche Bruchzahl ist größer? Löse graphisch!

a) $\frac{2}{3}$ oder $\frac{5}{6}$

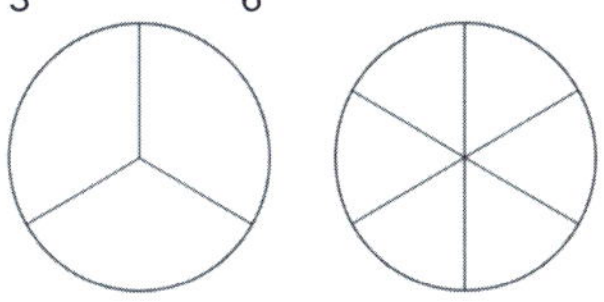

b) $\frac{4}{6}$ oder $\frac{4}{12}$

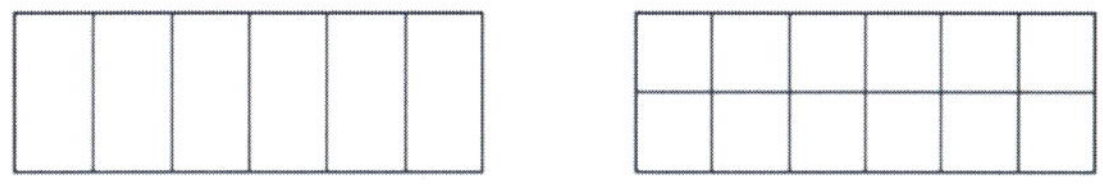

c) $\frac{5}{8}$ oder $\frac{5}{10}$

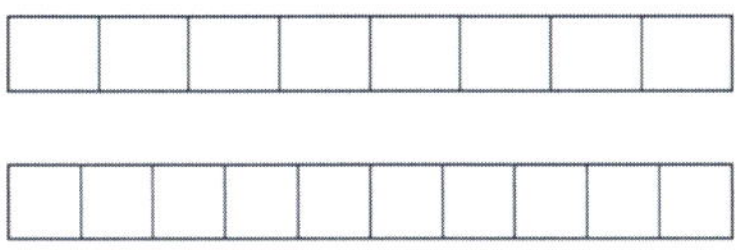

d) $\frac{2}{5}$ oder $\frac{2}{10}$

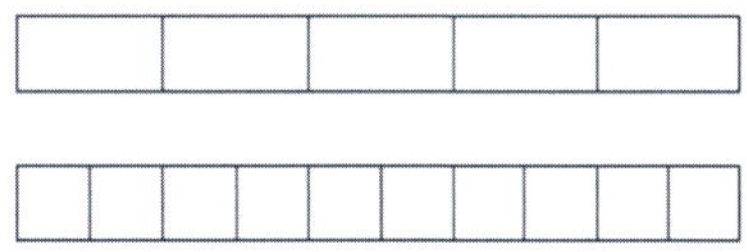

2 Ergänze:

Wenn zwei Brüche den gleichen Zähler haben, ist die Bruchzahl größer, die den ________________ (kleineren/größeren) Nenner hat.

3 Setze das Zeichen „<", „=" bzw. „>" ein!

Tipp: Wenn du nicht direkt erkennst, welches Zeichen du einsetzen musst, löse graphisch oder verwandle die Brüche in Dezimalzahlen!

a) $\frac{2}{5}$ ☐ $\frac{3}{5}$ b) $\frac{3}{2}$ ☐ $\frac{1}{2}$ c) $\frac{4}{6}$ ☐ $\frac{5}{6}$

d) $\frac{5}{8}$ ☐ $\frac{3}{8}$ e) $1\frac{1}{4}$ ☐ 1,25 f) $\frac{2}{10}$ ☐ $\frac{1}{4}$

g) 0,7 ☐ $\frac{7}{10}$ h) $\frac{1}{2}$ ☐ $\frac{4}{10}$ i) $\frac{3}{8}$ ☐ $\frac{1}{4}$

4 Wie viel ist

a) $\frac{2}{3}$ von 12 km b) $\frac{1}{4}$ von 4 kg c) $\frac{3}{4}$ von 1 km

d) $\frac{1}{5}$ einer Stunde e) $\frac{3}{4}$ von 24 h f) $\frac{3}{8}$ von 16 dag

5 Der Herbst dauert drei Monate. Welchen Bruchteil des Jahres nimmt der Herbst ein?

6 Nach zwei Unterrichtsstunden stellt Daniel fest: ein Viertel der heutigen Stunden sind schon vorüber. Wie viele Stunden Unterricht hat Daniel an diesem Tag?

Addition und Subtraktion von Brüchen

Du musst beachten, ob
- die Brüche den gleichen Nenner haben, also gleichnamige Brüche sind.
- ob die Brüche verschiedene Nenner haben, also ungleichnamige Brüche sind.

Gleichnamige Brüche addieren

a)

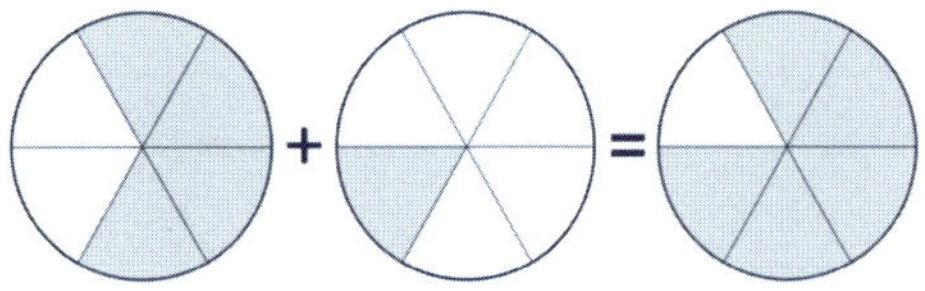

$\frac{4}{6} + \frac{1}{6} = \frac{5}{6}$

b)

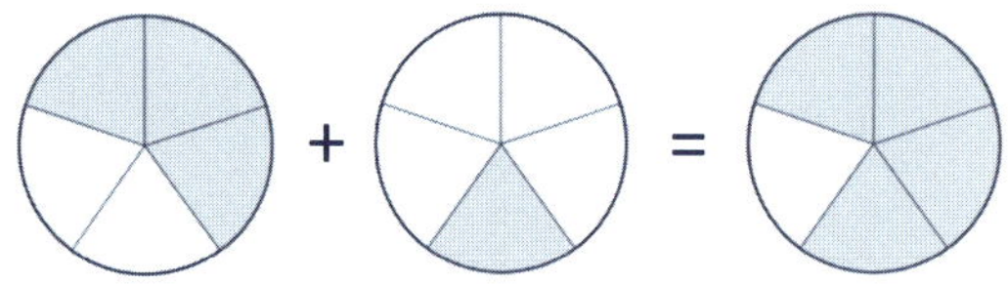

$\frac{3}{5} + \frac{1}{5} = \frac{4}{5}$

c) $1\frac{3}{10} + 2\frac{4}{10} = 3\frac{7}{10}$

d) $3\frac{5}{8} + 2\frac{7}{8} = 5\frac{12}{8} = 6\frac{4}{8}$

Beachte: $\frac{12}{8} = 1\frac{4}{8}$

Beim Addieren von Brüchen mit gleichem Nenner werden die Zähler addiert, der Nenner bleibt gleich.
Beim Addieren von gemischten Zahlen kannst du die Ganzen und die Brüche addieren.

Gleichnamige Brüche subtrahieren

a)

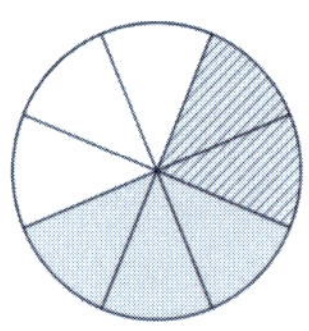

$\frac{5}{8} - \frac{2}{8} = \frac{3}{8}$

b)

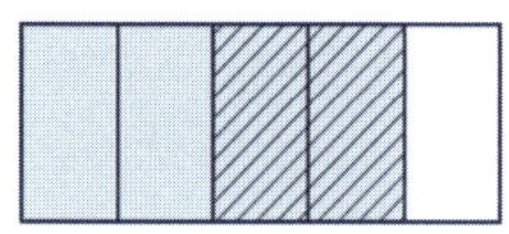

$\frac{4}{5} - \frac{2}{5} = \frac{2}{5}$

c) $3\frac{2}{3} - 1\frac{1}{3} = 2\frac{1}{3}$

d) $4\frac{1}{4} - 2\frac{3}{4} =$ Trick: $4\frac{1}{4} = 3\frac{5}{4}$

$= 3\frac{5}{4} - 2\frac{3}{4} = 1\frac{2}{4}$

Beim Subtrahieren von Brüchen mit gleichem Nenner werden die Zähler subtrahiert, der Nenner bleibt gleich.
Beim Subtrahieren von gemischten Zahlen musst du die Ganzen und die Brüche subtrahieren.
Wenn das nicht möglich ist, musst du den Trick anwenden: Verwandle 1 Ganzes in einen Bruch, damit du subtrahieren kannst.

Beispiel:
Mutter kauft Obst ein: $1\frac{1}{2}$ kg Äpfel, $1\frac{1}{2}$ kg Bananen und 2 kg Orangen.
Wie viel Obst hat sie insgesamt eingekauft?

$1\frac{1}{2} + 1\frac{1}{2} + 2 = 5$ Du musst die Mengen addieren.

Mutter hat insgesamt 5 kg Obst eingekauft.

Ungleichnamige Brüche addieren und subtrahieren

Dabei musst du zuerst für die Brüche einen gleichen Nenner suchen.

Beispiel: $\frac{1}{2} + \frac{5}{6}$ $\quad \frac{1}{2} = \frac{1 \cdot 3}{2 \cdot 3} = \frac{3}{6}$

also $\frac{1}{2} + \frac{5}{6} = \frac{3}{6} + \frac{5}{6} = \frac{8}{6}$

graphisch:

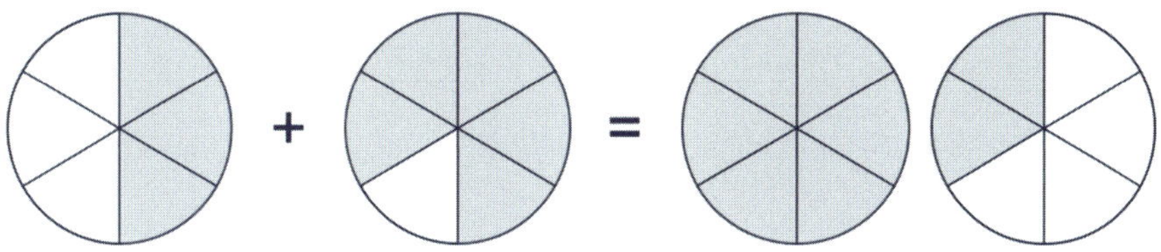

$\frac{1}{2} \quad + \quad \frac{5}{6} \quad = \quad \frac{8}{6} = 1\frac{2}{6}$

Beispiel: Berechne!

a) $\frac{3}{5} + \frac{7}{10} =$ $\quad \frac{3}{5} = \frac{3 \cdot 2}{5 \cdot 2} = \frac{6}{10}$

$= \frac{6}{10} + \frac{7}{10} = \frac{13}{10}$

b) $\frac{9}{4} - \frac{5}{8} =$ $\quad \frac{9}{4} = \frac{9 \cdot 2}{4 \cdot 2} = \frac{18}{8}$

$= \frac{18}{8} - \frac{5}{8} = \frac{13}{8}$

Beim Addieren und Subtrahieren von ungleichnamigen Brüchen musst du so vorgehen:

1. Suche zuerst einen gemeinsamen Nenner.
2. Verwandle die gegebenen Brüche in Brüche mit dem gemeinsamen Nenner. Dabei musst du Zähler und Nenner mit der gleichen Zahl multiplizieren.
3. Addiere oder subtrahiere die Brüche jetzt so wie man gleichnamige Brüche addiert oder subtrahiert.

Beispiel:

Paul bestellt sich im Gasthaus $\frac{1}{8}$ Liter Apfelsaft auf einen halben Liter mit Mineralwasser aufgespritzt. Wie viel Mineralwasser braucht man dafür?

$\frac{1}{2} - \frac{1}{8} =$ $\quad$ Du musst die Ergänzung von $\frac{1}{8}$ auf $\frac{1}{2}$ Liter berechnen, das ist die Differenz von $\frac{1}{2}$ und $\frac{1}{8}$.

$= \frac{4}{8} - \frac{1}{8} = \frac{3}{8}$ $\quad$ Beachte: $\frac{1}{2} = \frac{1 \cdot 4}{2 \cdot 4} = \frac{4}{8}$

Man braucht $\frac{3}{8}$ Liter Mineralwasser, um $\frac{1}{8}$ Apfelsaft auf einen halben Liter aufzuspritzen.

Addieren und Subtrahieren von Brüchen

1 Berechne!

a) $\frac{3}{2}+\frac{5}{2}=$ b) $\frac{3}{4}+\frac{6}{4}=$ c) $\frac{7}{8}-\frac{3}{8}=$

d) $3\frac{1}{2}\text{ m}+2\frac{1}{2}\text{ m}=$ e) $7\frac{3}{4}\text{ kg}-2\frac{2}{4}\text{ kg}=$ f) $3\frac{1}{8}\text{ kg}+4\frac{4}{8}\text{ kg}=$

g) $4\text{ kg}+2\frac{1}{2}\text{ kg}=$ h) $7\frac{3}{4}\text{ kg}-6\frac{2}{4}\text{ kg}=$ i) $7\frac{5}{8}\text{ l}-2\frac{1}{8}\text{ l}=$

j) $1\frac{1}{2}+2\frac{1}{2}+\frac{1}{2}=$ k) $1\frac{1}{4}+5\frac{1}{4}+2\frac{1}{4}=$ l) $2\frac{5}{8}+3\frac{1}{8}+1\frac{1}{8}=$

2 Berechne!

a) $\frac{1}{2}+\frac{1}{4}=$ b) $\frac{7}{4}-\frac{3}{2}=$

c) $5\frac{1}{4}+\frac{1}{2}=$ d) $8\frac{3}{4}-\frac{1}{2}=$

e) $1\frac{1}{2}+\frac{1}{4}+\frac{1}{4}=$ f) $5+\frac{3}{2}+\frac{5}{4}=$

3 Berechne!

a) $5\frac{1}{8}+\frac{3}{4}=$ b) $8\frac{3}{8}-1\frac{1}{4}=$

c) $3\frac{3}{4}+2\frac{3}{8}=$ d) $8\frac{7}{8}+\frac{1}{4}=$

e) $4\frac{5}{8}+2\frac{1}{4}+\frac{3}{8}=$ f) $5\frac{1}{4}+\frac{7}{8}+1\frac{3}{4}=$

4 Berechne!

a) $4\frac{1}{2}+2\frac{3}{8}+6\frac{1}{4}=$

b) $7+3\frac{1}{2}+\frac{3}{4}+1\frac{1}{8}=$

5 Wie viel fehlt?

a) $3\frac{1}{2} + \_\_\_\_ = 5$

b) $2\frac{2}{5} + \_\_\_\_ = 3$

c) $\frac{7}{10} + \_\_\_\_ = 1$

d) $1\frac{1}{9} + \_\_\_\_ = 2$

e) $\frac{6}{5} + \_\_\_\_ = 2$

f) $\frac{9}{8} + \_\_\_\_ = 2$

g) $\frac{12}{5} + \_\_\_\_ = 4$

h) $\frac{8}{3} + \_\_\_\_ = 3$

6 Aus einer $1\frac{1}{2}$ l-Flasche Fruchtsaft werden $\frac{1}{4}$ l, $\frac{1}{2}$ l und noch einmal $\frac{1}{4}$ l Saft entnommen. Wie viel bleibt in der Flasche übrig?

7 Rezept für einen Fruchtcocktail:
$\frac{6}{10}$ l Ananassaft, $\frac{2}{10}$ l Grapefruitsaft, $\frac{2}{10}$ l Zitronensaft, $\frac{6}{10}$ l Orangensaft und $\frac{2}{10}$ l Grenadine Sirup. Wie viel Liter Saft erhält man, wenn man diese Zutaten mischt?
Gib das Ergebnis auch als Dezimalzahl an!

8 Aus einer Steige mit 20 kg Erdäpfeln werden folgende Mengen entnommen:
2 kg, $1\frac{1}{2}$ kg, $\frac{3}{4}$ kg, $\frac{1}{2}$ kg, $2\frac{1}{2}$ kg, $5\frac{1}{4}$ kg
Wie viel kg Erdäpfel bleiben noch in der Steige?

9 Bei einem Eishockeymatch beträgt die reine Spielzeit (ohne Pause, ohne Unterbrechungen) 60 Minuten. Man spielt drei gleich lange Drittel. Wie viel Spielzeit hat ein Drittel?

10 Konrad macht mit seinem Vater eine Wanderung in den Bergen. Nach $1\frac{1}{2}$ Stunden legen sie eine Viertelstunde Rast ein und gehen dann noch $2\frac{1}{4}$ Stunden bis zur Berghütte.

a) Wie lange sind sie bis zur Berghütte unterwegs?
b) Der Abstieg ist um eine Dreiviertelstunde kürzer. Wie lange dauert der Abstieg, wenn sie wieder eine Viertelstunde Pause machen?

11 Claudia schüttet aus einem mit 1,5 Liter Wasser gefüllten Krug ein Viertelglas, ein Achtelglas und einen anderen Krug, der $\frac{3}{8}$ Liter fasst.
Kann sie diese drei Gefäße noch einmal füllen?

Multiplikation eines Bruches mit einer natürlichen Zahl

Georg bestellt sich im Gasthaus dreimal hintereinander $\frac{1}{4}$ Liter Orangensaft. Wie viel hat er getrunken?

$\frac{1}{4}+\frac{1}{4}+\frac{1}{4}=\frac{3}{4}$ Georg hat $\frac{3}{4}$ Liter Orangensaft getrunken.

Du kannst aber auch so rechnen: $\frac{1}{4}\cdot 3=\frac{1\cdot 3}{4}=\frac{3}{4}$

Multipliziere den Zähler mit 3, der Nenner bleibt gleich.

Multiplikation eines Bruches mit einer natürlichen Zahl

Formel: $\frac{a}{b}\cdot n=\frac{a\cdot n}{b}$ Bruch · natürliche Zahl = $\frac{\text{Zähler}\cdot\text{natürliche Zahl}}{\text{Nenner}}$

Multipliziere den Zähler mit der natürlichen Zahl! Der Nenner bleibt gleich.

Beispiel: Berechne!

a) $\frac{2}{3}\cdot 4=\frac{2\cdot 4}{3}=\frac{8}{3}$

b) $7\cdot\frac{5}{8}=\frac{5}{8}\cdot 7=\frac{5\cdot 7}{8}=\frac{35}{8}$

c) $3\frac{1}{3}\cdot 5=3\cdot 5+\frac{1}{3}\cdot 5=$
$=15+\frac{5}{3}=$
$=15+1\frac{2}{3}=16\frac{2}{3}$

Multipliziere die Ganzen mit der natürlichen Zahl und den Bruch mit der natürlichen Zahl.

Du kannst auch so rechnen:
$3\frac{1}{3}\cdot 5=$
$=\frac{10}{3}\cdot 5=\frac{50}{3}=16\frac{2}{3}$

Verwandle zuerst die gemischte Zahl in einen unechten Bruch.

---

1 Berechne!

a) $\frac{1}{4}\cdot 3=$ b) $\frac{3}{4}\cdot 5=$ c) $\frac{4}{5}\cdot 3=$ d) $\frac{5}{6}\cdot 4=$

e) $9\cdot\frac{5}{8}=$ f) $7\cdot\frac{3}{5}=$ g) $6\cdot\frac{3}{5}=$ h) $8\cdot\frac{7}{10}=$

---

2 Berechne!

a) $2\frac{1}{3}\cdot 4=$ b) $1\frac{3}{4}\cdot 5=$ c) $3\frac{4}{5}\cdot 3=$ d) $5\frac{2}{3}\cdot 6=$

e) $2\cdot 1\frac{3}{8}=$ f) $4\cdot 3\frac{3}{4}=$ g) $3\cdot 5\frac{2}{5}=$ h) $8\cdot 4\frac{4}{5}=$

---

3 Sonja und Tobi trinken zusammen täglich $\frac{3}{4}$ Liter Orangensaft. Wie viel 1-Liter-Packungen muss Mutter einkaufen, damit die Kinder die ganze Woche genug Orangensaft haben?

Division eines Bruches durch eine natürliche Zahl

Auf der Geburtstagsparty sollen $5\frac{1}{4}$ Liter Apfelsaft auf 7 Personen aufgeteilt werden. Wie viel Liter bekommt jeder?

Man muss $5\frac{1}{4}$ Liter auf 7 Personen aufteilen.

$5\frac{1}{4} : 7 = \frac{21}{4} : 7 = \frac{3}{4}$ Die Division kann leicht durchgeführt werden, da 7 im Zähler des Bruchs 21 enthalten ist.

Jede Person erhält $\frac{3}{4}$ Liter Apfelsaft.

Beispiel: Berechne!

a) $\frac{3}{4} : 2$

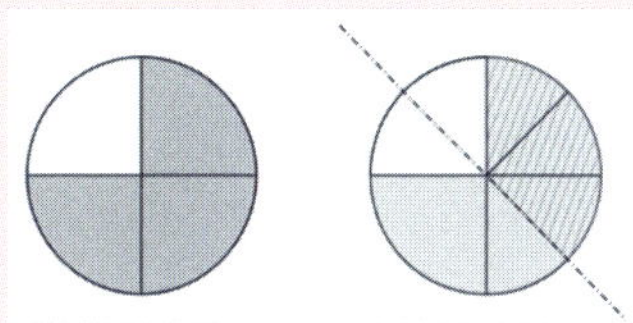

Aus der Zeichnung erkennst du, dass die Hälfte von $\frac{3}{4}$ also $\frac{3}{4} : 2$ gleich $\frac{3}{8}$ ist.

kurz als Rechnung:

$\frac{3}{4} : 2 = \frac{3}{4 \cdot 2} = \frac{3}{8}$ Multipliziere den Nenner mit 2, der Zähler bleibt gleich.

b) $\frac{2}{3} : 4 = \frac{2}{3 \cdot 4} = \frac{2}{12}$ Multipliziere den Nenner mit 4, der Zähler bleibt gleich.

c) $3\frac{1}{2} : 5 =$ Verwandle immer zuerst die gemischte Zahl in einen unechten Bruch

$= \frac{7}{2} : 5 = \frac{7}{2 \cdot 5} = \frac{7}{10}$ Multipliziere den Nenner mit 5, der Zähler bleibt gleich.

Division eines Bruches durch eine natürliche Zahl

Wenn du einen Bruch durch eine natürliche Zahl dividierst, musst du so vorgehen:

(1) Ist die natürliche Zahl, durch die du dividierst, im Zähler des Bruchs enthalten, dann musst du den Zähler durch die natürliche Zahl dividieren.

Formel: $\frac{a}{b} : n = \frac{a : n}{b}$ Bruch : natürliche Zahl = $\frac{\text{Zähler : natürliche Zahl}}{\text{Nenner}}$

(2) Ist die natürliche Zahl im Zähler nicht enthalten, dann musst du den Nenner des Bruchs mit der natürlichen Zahl multiplizieren.

Formel: $\frac{a}{b} : n = \frac{a}{b \cdot n}$ Bruch : natürliche Zahl = $\frac{\text{Zähler}}{\text{Nenner} \cdot \text{natürliche Zahl}}$

Multipliziere den Nenner mit der natürlichen Zahl! Der Zähler bleibt gleich.

---

1 Berechne!

a) $\frac{2}{3} : 2 =$ b) $\frac{4}{5} : 2 =$ c) $\frac{8}{10} : 4 =$ d) $\frac{6}{10} : 3 =$

e) $5\frac{1}{3} : 4 =$ f) $3\frac{1}{3} : 5 =$ g) $4\frac{1}{5} : 3 =$ h) $2\frac{2}{5} : 6 =$

---

2 Berechne!

a) $\frac{2}{3} : 4 =$ b) $\frac{5}{8} : 2 =$ c) $3\frac{2}{5} : 2 =$ d) $1\frac{5}{6} : 5 =$

Multiplikation Bruch mal Bruch

Berechne: $\frac{2}{3} \cdot \frac{5}{7} = \frac{2 \cdot 5}{3 \cdot 7} = \frac{10}{21}$

Wenn du **zwei Brüche multiplizierst,** musst du so vorgehen:

1. Bruch mal 2. Bruch = $\frac{\text{Zähler mal Zähler}}{\text{Nenner mal Nenner}}$

Verwandle gemischte Zahlen immer in unechte Brüche.

Beispiel: Berechne!

a) $3\frac{1}{2} \cdot \frac{5}{6} =$ — Verwandle die gemischte Zahl in einen Bruch

$= \frac{7}{2} \cdot \frac{5}{6} = \frac{7 \cdot 5}{2 \cdot 6} = \frac{35}{12} = 2\frac{11}{12}$ — Rechne Zähler mal Zähler durch Nenner mal Nenner.

b) $1\frac{3}{4} \cdot 2\frac{2}{5} =$ — Verwandle die gemischten Zahlen in Brüche

$= \frac{7}{4} \cdot \frac{12}{5} = \frac{7 \cdot 12}{4 \cdot 5} = \frac{84}{20} =$ — Rechne Zähler mal Zähler durch Nenner mal Nenner.

$= 4\frac{4}{20} = 4\frac{1}{5}$ — Verwandle wieder in eine gemischte Zahl. Du kannst im Ergebnis durch 4 kürzen.

Division Bruch durch Bruch

Kehrwert eines Bruches

$\frac{2}{3} \rightarrow \frac{3}{2}$

Wenn man Zähler und Nenner vertauscht, bestimmt man den Kehrwert eines Bruchs.

Berechne: $\frac{9}{2} : \frac{5}{4}$

Du kannst zunächst die Brüche in Dezimalzahlen verwandeln und dann die Division durchführen:

$\frac{9}{2} = 4\frac{1}{2} = 4{,}5$ $\frac{5}{4} = 1\frac{1}{4} = 1{,}25$

4,5 : 1,25 = 450 : 125

450 : 125 = 3,6 $3{,}6 = 3\frac{6}{10}$
750
0 Rest

$\frac{9}{2} : \frac{5}{4} = 3\frac{6}{10}$

Du kannst aber auch so rechnen:

$\frac{9}{2} : \frac{5}{4}$

$= \frac{9}{2} \cdot \frac{4}{5} = \frac{9 \cdot 4}{2 \cdot 5} = \frac{36}{10} = 3\frac{6}{10}$

Bilde den Kehrwert von $\frac{5}{4}$. Dieser ist $\frac{4}{5}$. Wenn du $\frac{9}{2}$ mit diesem Kehrwert multiplizierst, erhältst du das Ergebnis $3\frac{6}{10}$.

Bei der Division **Bruch durch Bruch** musst du den **ersten Bruch** mit dem **Kehrwert** des **zweiten Bruchs multiplizieren**.
Aus der Division wird also eine Multiplikation mit dem Kehrwert.
Verwandle gemischte Zahlen immer in unechte Brüche.

Beispiel: Berechne!

a) $\frac{4}{5} : \frac{3}{4} =$

Multipliziere den ersten Bruch mit dem Kehrwert des zweiten Bruchs!

$= \frac{4}{5} \cdot \frac{4}{3} = \frac{4 \cdot 4}{5 \cdot 3} = \frac{16}{15}$

b) $2\frac{1}{2} : \frac{3}{5} = \frac{5}{2} : \frac{3}{5} =$

Verwandle die gemischte Zahl zuerst in einen unechten Bruch!

$= \frac{5}{2} \cdot \frac{5}{3} =$

Multipliziere den ersten Bruch mit dem Kehrwert des zweiten Bruchs!

$= \frac{5 \cdot 5}{2 \cdot 3} = \frac{25}{6} = 4\frac{1}{6}$

Verwandle den unechten Bruch in eine gemischte Zahl!

c) $4\frac{1}{5} : 1\frac{3}{4} = \frac{21}{5} : \frac{7}{4} =$

Verwandle die gemischten Zahlen zuerst in unechte Brüche!

$= \frac{21}{5} \cdot \frac{4}{7} = \frac{21 \cdot 4}{5 \cdot 7} =$

Multipliziere den ersten Bruch mit dem Kehrwert des zweiten Bruchs!

$= \frac{84}{35} = 2\frac{14}{35} = 2\frac{2}{5}$

Verwandle in eine gemischte Zahl und kürze!

d) $\frac{5}{8} : 2 =$

Erinnere dich: Du kannst den Nenner mit der natürlichen multiplizieren!

$= \frac{5}{8 \cdot 2} = \frac{5}{16}$

$\frac{5}{8} : 2 =$

Du kannst aber auch so vorgehen, dass du mit dem Kehrwert multiplizierst. Beachte: Der Kehrwert von 2 ist $\frac{1}{2}$.

$= \frac{5}{8} \cdot \frac{1}{2} = \frac{5 \cdot 1}{8 \cdot 2} = \frac{5}{16}$

Beispiel:

Ein Weinbauer hat ein Weinfass, das mit 225 Liter Rotwein gefüllt ist. Er möchte Flaschen zu je $\frac{3}{4}$ Liter abfüllen. Wie viele Flaschen kann er abfüllen? Bleibt im Fass Rotwein über?

$225 : \frac{3}{4} =$

Er misst wie oft $\frac{3}{4}$ in 225 enthalten ist.

$= 225 \cdot \frac{4}{3} =$

$= \frac{225 \cdot 4}{3} = \frac{900}{3} = 300$

Der Bauer kann 300 Flaschen füllen. Es bleibt kein Rest über.

Beispiel:

In der Vorweihnachtszeit hat Frau Stiegler $1\frac{3}{4}$ Liter Dicksaft gemacht. Sie möchte ihre Freundinnen beschenken und füllt den Saft in Gläsern zu $\frac{1}{8}$ Liter ab. Wie viele Gläser kann sie befüllen?

$1\frac{3}{4} : \frac{1}{8} =$

Man muss messen, wie oft $\frac{1}{8}$ in $1\frac{3}{4}$ enthalten ist.

$= \frac{7}{4} : \frac{1}{8} =$

$= \frac{7}{4} \cdot \frac{8}{1} = \frac{56}{4} = 14$

Frau Stiegler kann 14 Gläser befüllen.

Multiplizieren und Dividieren von Brüchen

1 Berechne!

a) $\frac{3}{2} \cdot \frac{4}{5} =$ b) $\frac{1}{4} \cdot \frac{5}{6} =$ c) $\frac{7}{8} \cdot \frac{3}{4} =$

d) $\frac{3}{4} \cdot \frac{5}{6} =$ e) $\frac{4}{5} \cdot \frac{2}{3} =$ f) $\frac{3}{8} \cdot \frac{5}{8} =$

g) $2\frac{2}{3} \cdot \frac{3}{4} =$ h) $1\frac{1}{5} \cdot \frac{5}{8} =$ i) $2\frac{5}{6} \cdot \frac{3}{5} =$

j) $4\frac{1}{2} \cdot 2\frac{3}{4} =$ k) $3\frac{1}{4} \cdot 6\frac{2}{5} =$ l) $2\frac{5}{8} \cdot 3\frac{1}{5} =$

2 Berechne!

a) $\frac{1}{4} : \frac{1}{2} =$ b) $\frac{3}{2} : \frac{7}{4} =$ c) $\frac{5}{8} : \frac{2}{3} =$

d) $\frac{3}{8} : \frac{6}{10} =$ e) $1\frac{1}{2} : \frac{1}{4} =$ f) $5\frac{2}{3} : 1\frac{1}{4} =$

3 Auf einem Erdbeerfeld werden die Erdbeeren in Steigen zu 20 kg aufbewahrt. Es sollen aus einer Steige Pappschachteln zu $\frac{1}{2}$ kg befüllt werden.
Wie viele Pappschachteln erhält man?

4 $7\frac{1}{2}$ Liter Saft sollen auf 5 Personen aufgeteilt werden Wie viel Liter erhält jede Person?

5 In der 1c-Klasse haben 8 Schülerinnen und Schüler zu Hause einen Tablet-PC. Das sind $\frac{1}{3}$ der Klasse. Wie viele Schülerinnen und Schüler hat die Klasse?

6 Ein Weinbauer hat in einem Eichenfass 225 Liter Wein gelagert. Er füllt den Wein in 110 Flaschen zu $1\frac{1}{2}$ ab. Den Rest will er in Flaschen zu $\frac{3}{4}$ Liter abfüllen.
Wie viele solche Flaschen kann er abfüllen?

Geometrie

Grundbegriffe

In der Mathematik werden **Punkte** mit **Großbuchstaben** A, B, C, ... und
Linien mit **Kleinbuchstaben** a, b, c, ... bezeichnet.

Strecke

Die kürzeste Verbindung zweier Punkte ist die **Strecke.** Sie ist eine gerade Linie mit einem Anfangspunkt und einem Endpunkt.

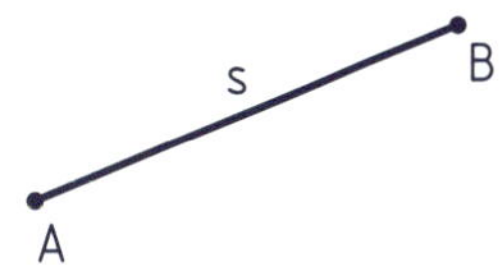

Man kann die Strecke entweder durch einen Kleinbuchstaben oder durch den Anfangspunkt und durch den Endpunkt angeben. Jede Strecke hat eine Länge.
Man schreibt: $s = 5$ cm oder $\overline{AB} = 5$ cm.

Strahl

Ein **Strahl** ist eine gerade Linie mit einem Anfangspunkt aber ohne Endpunkt.

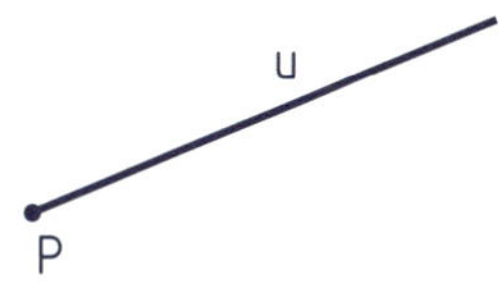

Ein Strahl hat keine Länge. Man kann immer nur einen Ausschnitt des Strahls zeichnen.

Gerade

Eine **Gerade** ist eine gerade Linie, die weder einen Anfangspunkt noch einen Endpunkt hat.

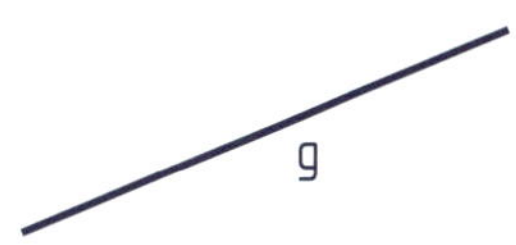

Ebenso wie der Strahl hat auch eine Gerade keine Länge. Man kann immer nur einen Ausschnitt der Geraden zeichnen.

Parallele und Normale

Gegenseitige Lage von zwei Geraden

Parallele Geraden

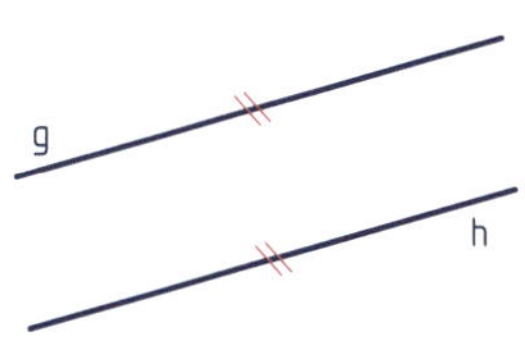

Die **beiden Geraden** g und h haben keinen Schnittpunkt. Sie **schneiden einander nicht.** Sie sind parallel.
Man schreibt: $g \parallel h$
Der Abstand zwischen parallelen Geraden ist überall gleich groß.

Schneidende Geraden

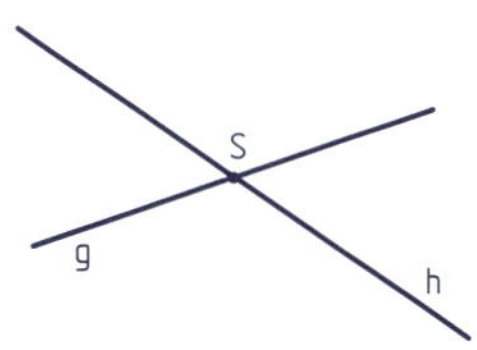

Die **beiden Geraden** g und h **schneiden einander in** einem **Punkt S.** S ist der Schnittpunkt der Geraden g und h.

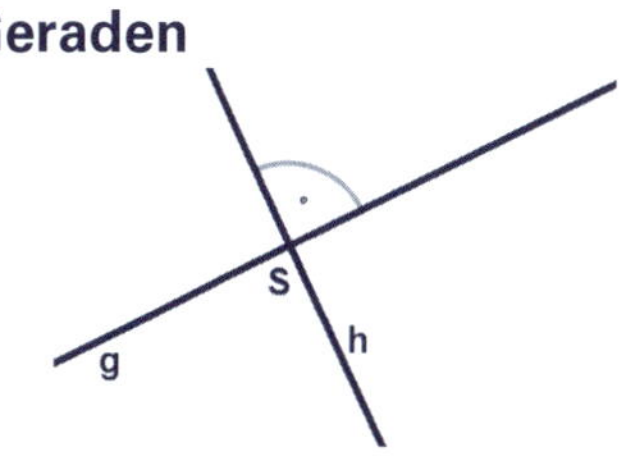

Normale Geraden sind schneidende Geraden, die einen **rechten Winkel** einschließen.
Man schreibt: $h \perp g$
h normal auf g

Zeichnen von normalen Geraden

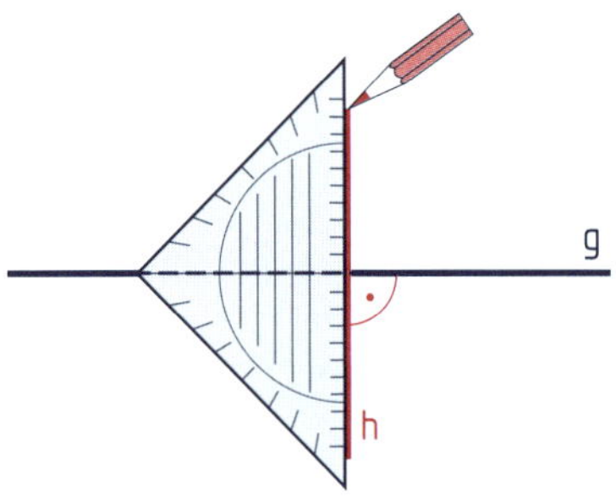

Zeichnen von parallelen Geraden

mit dem Geodreieck

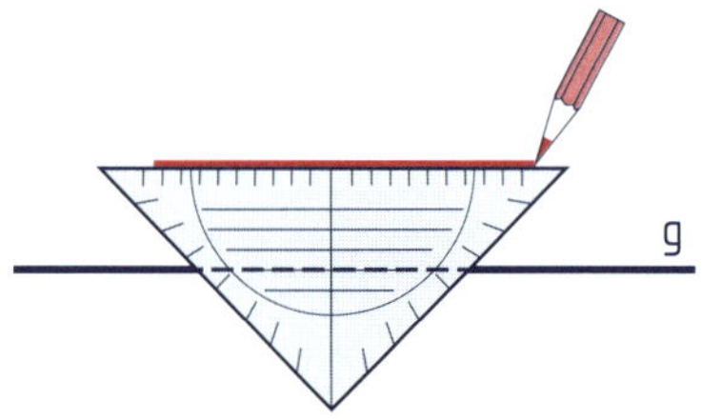

durch **Parallelverschieben** mit einem zweiten Dreieck

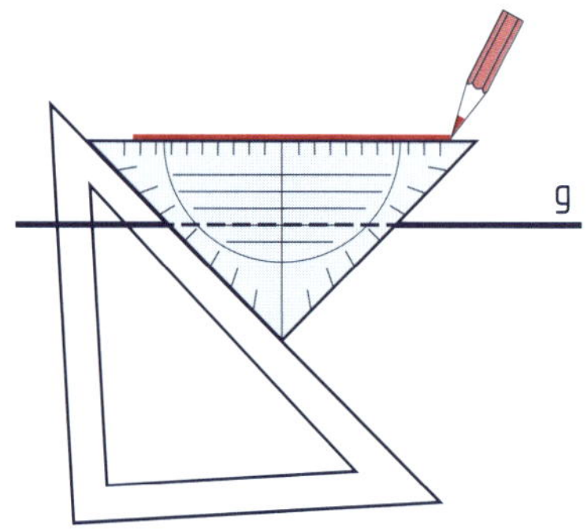

Normalabstand

Der Normalabstand eines Punktes von einer Geraden ist die kürzeste Entfernung des Punktes von dieser Geraden.

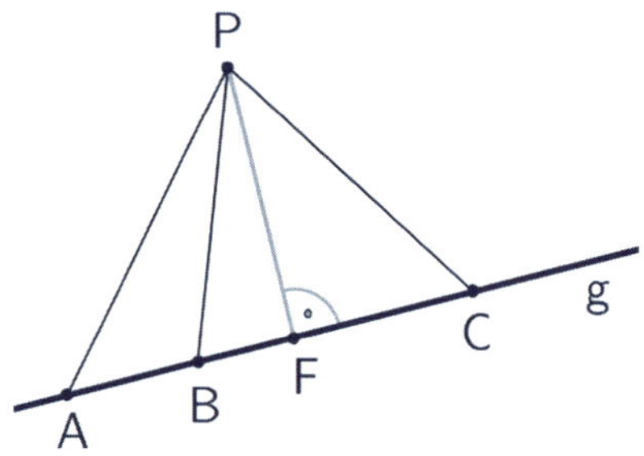

Die Strecke PF ist die kürzeste Strecke.
Sie steht normal auf die Gerade g.

Beispiel: Zeichne eine Gerade g und einen Punkt P, der nicht auf g liegt.
Konstruiere **a)** eine Parallele p zur Geraden g durch den Punkt P!
b) eine Normale n zur Geraden g durch den Punkt P!

Angabe

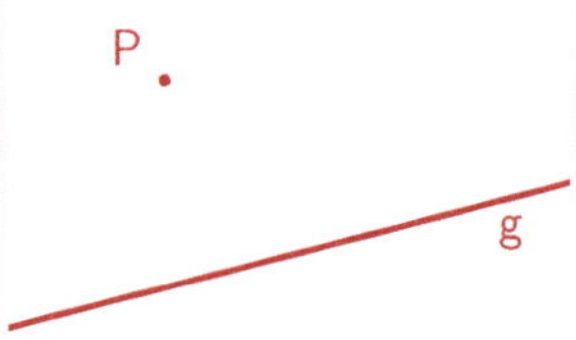

a) Parallele zeichnen

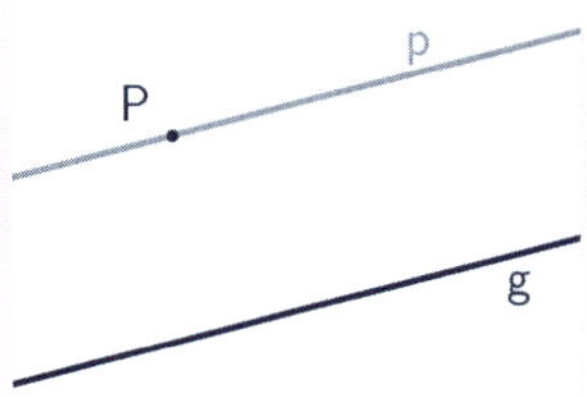

b) Normale zeichnen

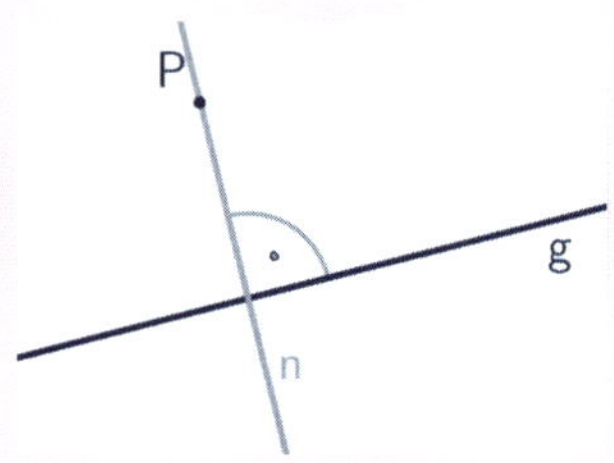

Beispiel:
Zeichne eine Parallele p zur Geraden g im Abstand 2 cm!

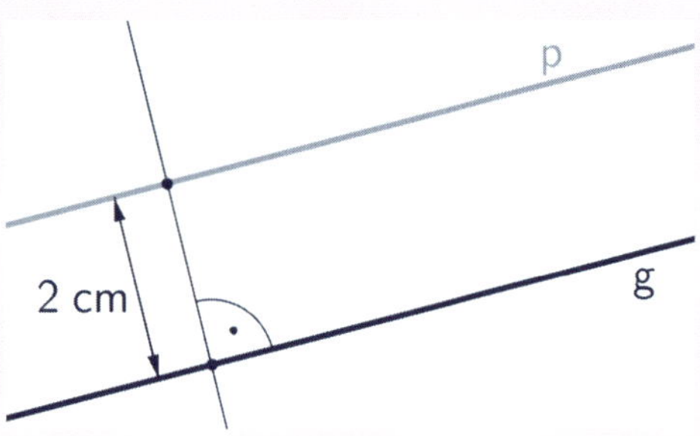

1. Zeichne eine beliebige Normale auf g.
2. Trage auf dieser Normalen die Strecke mit der Länge 2 cm auf.
3. Verschiebe parallel durch den Endpunkt der Strecke.

Parallele und Normale, Normalabstand

1 Zeichne jeweils eine Parallele zu g durch P!

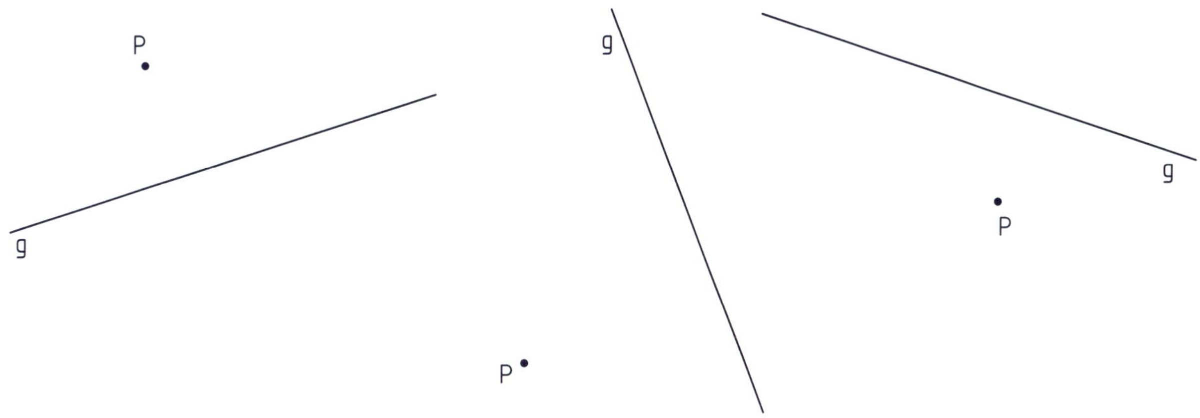

2 Zeichne jeweils eine Parallele im Abstand 5 mm, 12 mm und 20 mm zu g!

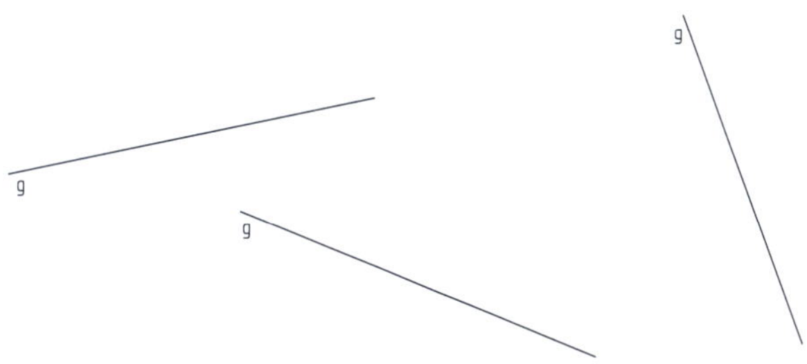

3 Zeichne jeweils eine Normale auf g durch P! Bestimme jeweils den Normalabstand von P zur Geraden g!

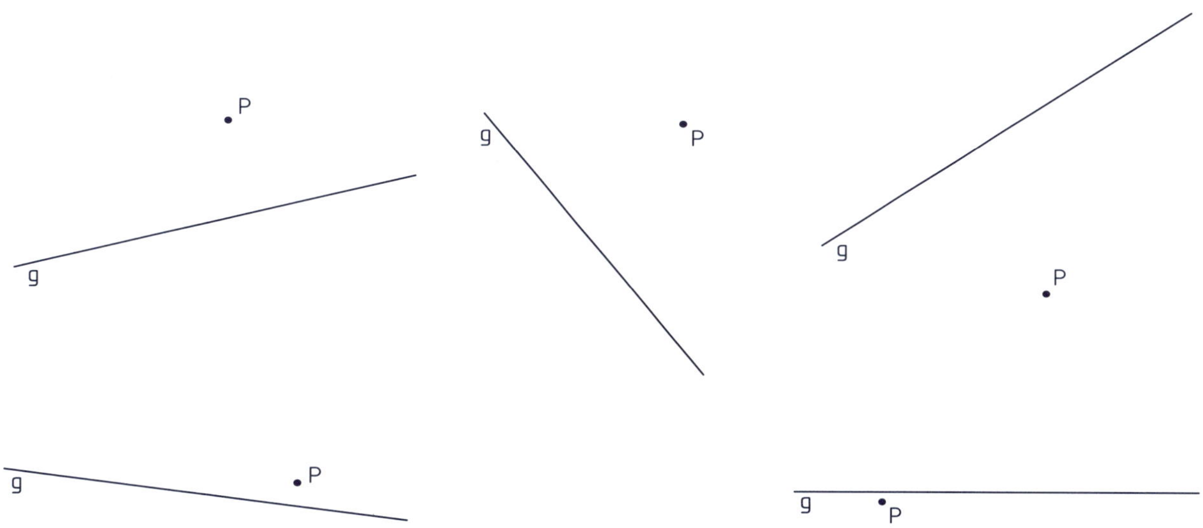

Winkelarten – Winkelmessen

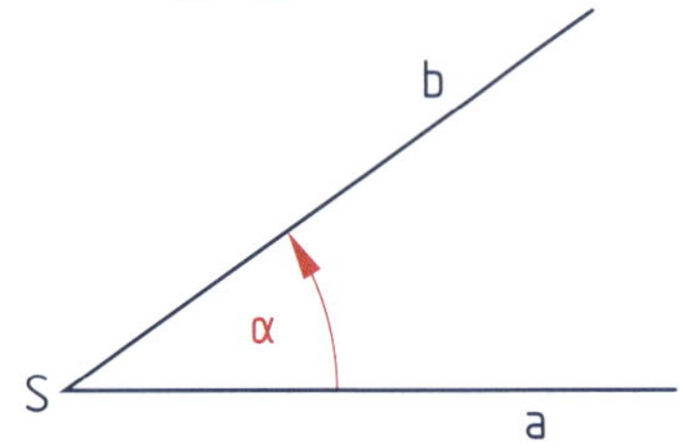

a, b Strahlen (Winkelschenkel)
S Winkelscheitel
Winkel werden mit griechischen Kleinbuchstaben bezeichnet:
$\alpha, \beta, \gamma, \ldots$

Ein Winkel entsteht durch die Drehung eines Strahls um den Winkelscheitel S.
Der **Winkel** ist das **Maß für die Drehung.**
Einheit der Winkelmessung: 1° (1 Grad) = $\frac{1}{90}$ des rechten Winkels

Winkelarten

Rechter Winkel

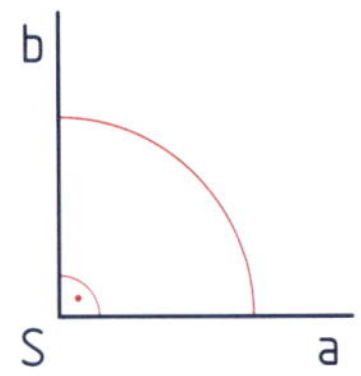

Vierteldrehung
Die beiden Schenkel stehen aufeinander normal.

Gestreckter Winkel

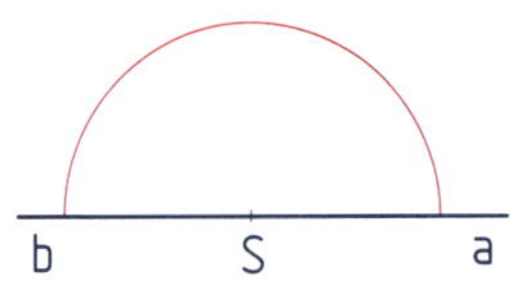

Halbe Drehung
Die beiden Schenkel liegen auf einer Geraden.

Voller Winkel

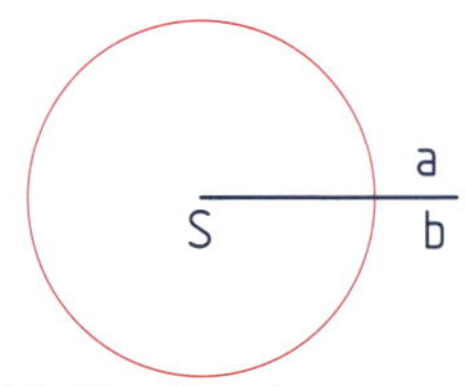

Volle Drehung
Die beiden Schenkel fallen zusammen.

Spitzer Winkel

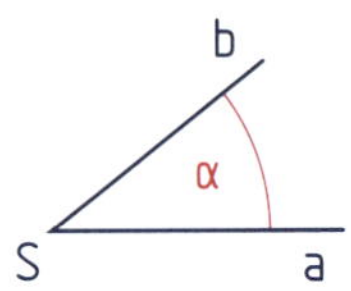

kleiner als ein rechter Winkel
$0° < \alpha < 90°$

Stumpfer Winkel

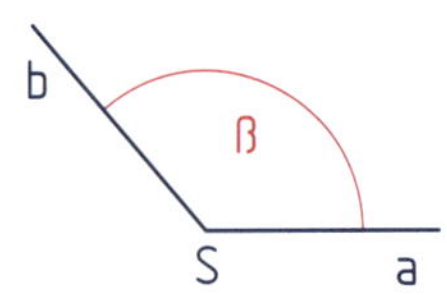

größer als ein rechter, kleiner als ein gestreckter Winkel
$90° < \beta < 180°$

Erhabener Winkel

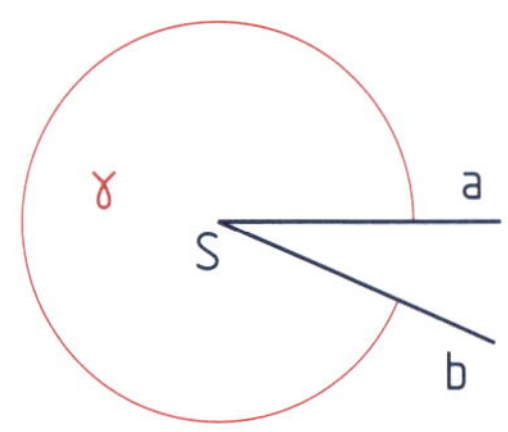

größer als ein gestreckter, kleiner als ein voller Winkel
$180° < \gamma < 360°$

Messen und Zeichnen von Winkeln (Verwende dazu dein Geodreieck!)

Messen von Winkeln

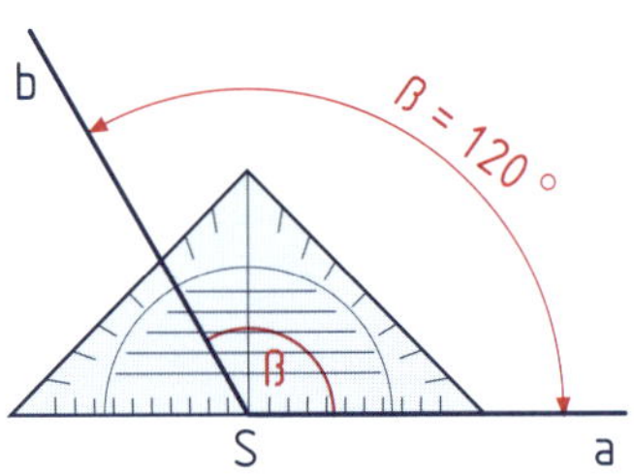

Zeichnen von Winkeln
z. B.: $\gamma = 37°$

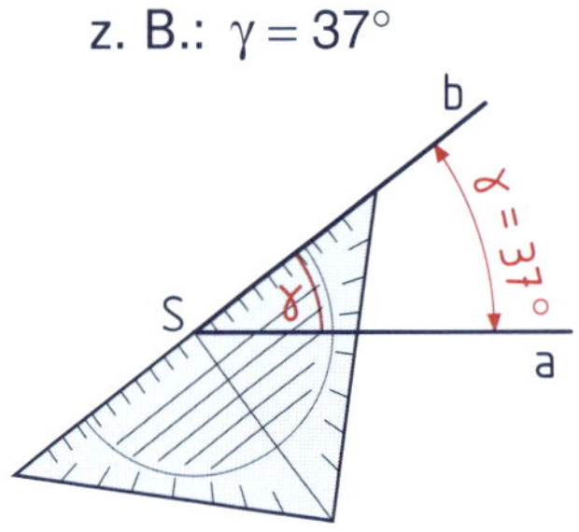

Messen von erhabenen Winkeln $\beta = 180° + \alpha$

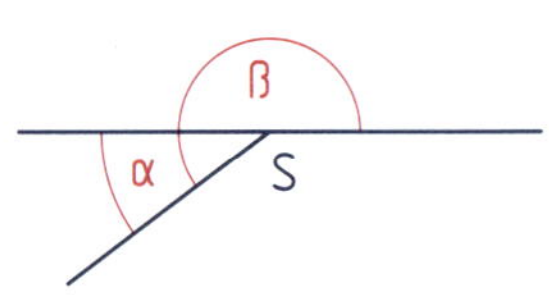

Winkelmessen

1 Miss die Winkel mit dem Geodreieck und gib die Winkelart an!

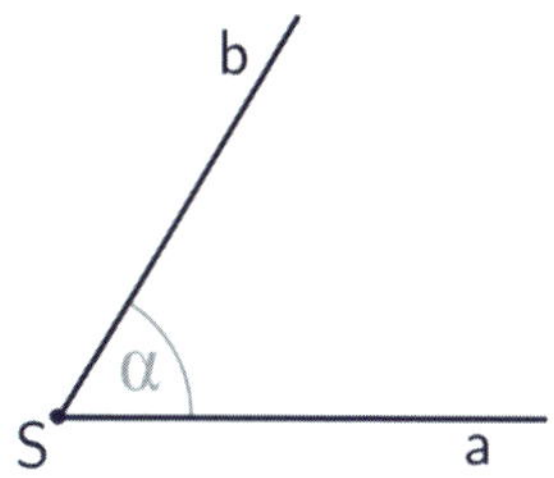

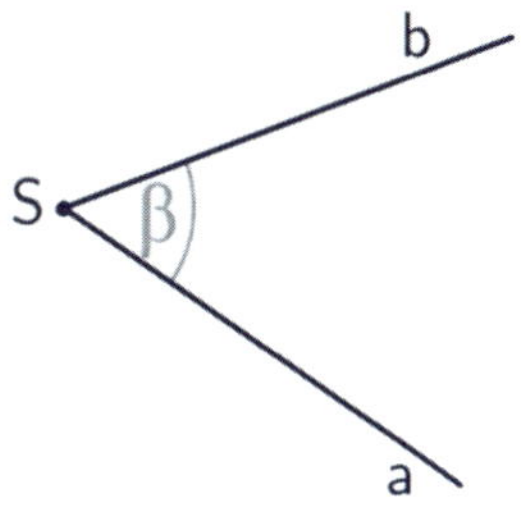

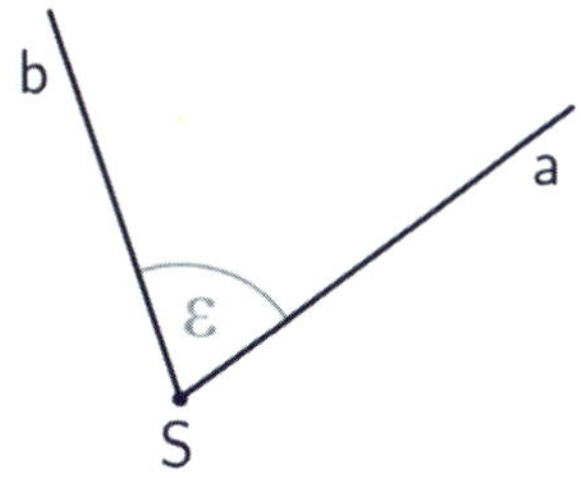

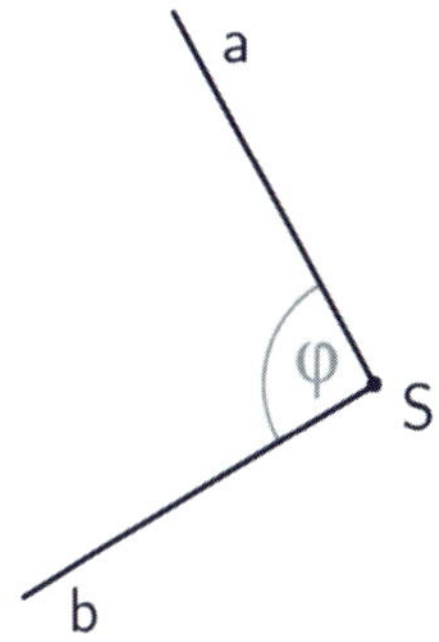

2 Miss die Winkel mit dem Geodreieck und gib die Winkelart an!

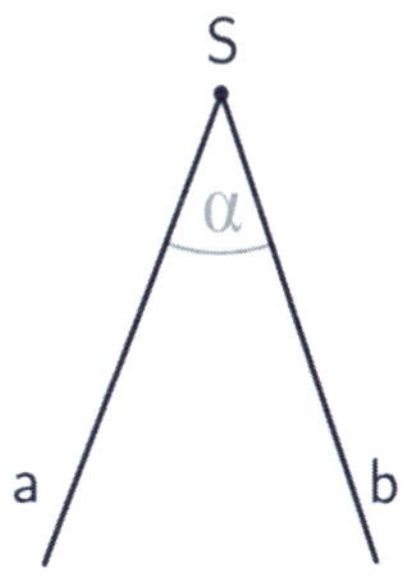

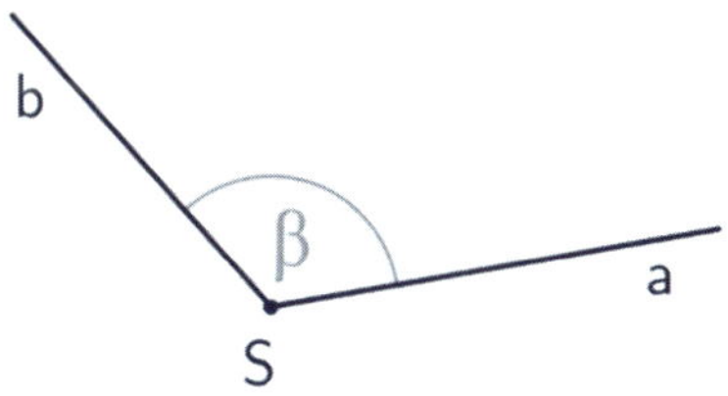

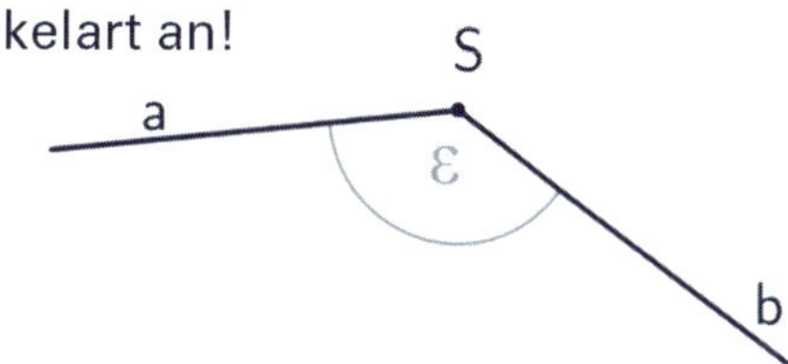

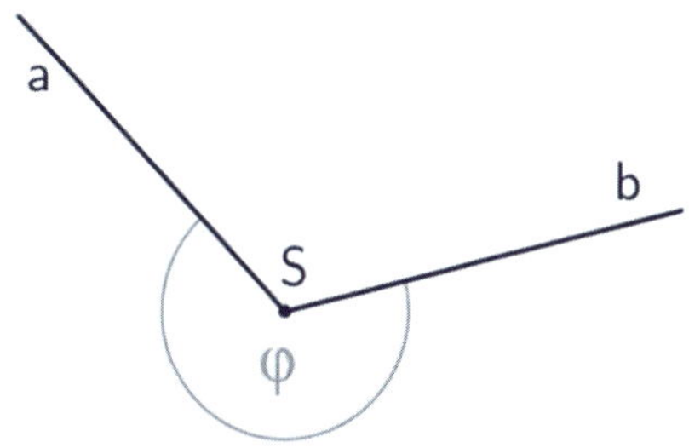

3 Miss jeweils die Winkel und addiere sie! Welche Winkelsumme ergibt sich bei den einzelnen Figuren?

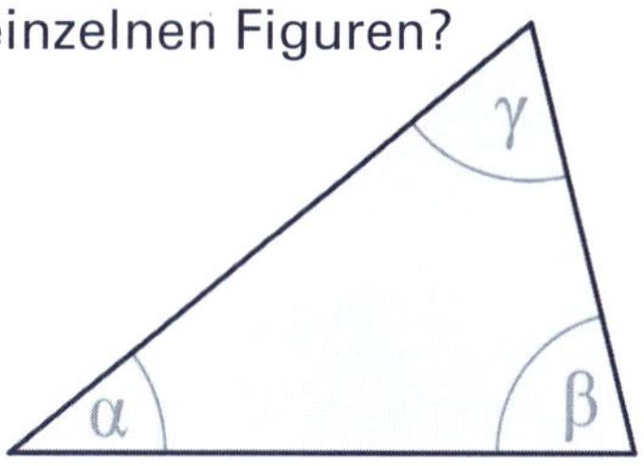

$\alpha =$
$\beta =$
$\gamma =$

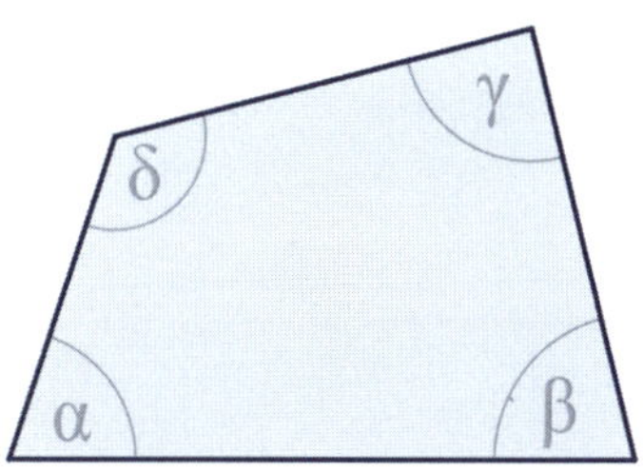

$\alpha =$
$\beta =$
$\gamma =$
$\delta =$

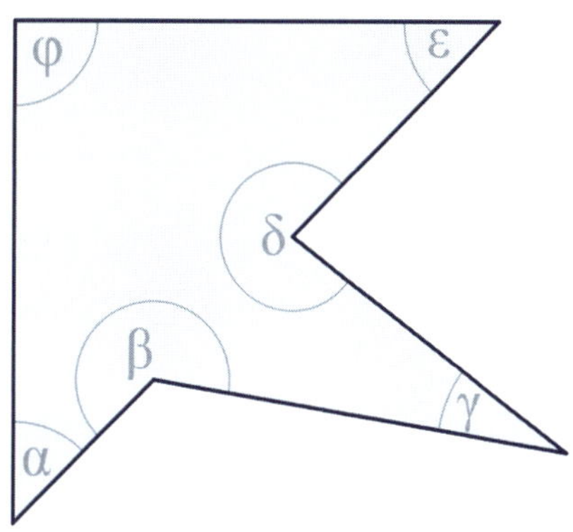

$\alpha =$
$\beta =$
$\gamma =$
$\delta =$
$\varepsilon =$
$\varphi =$

4 Miss die Winkel der einander schneidenden Geraden!

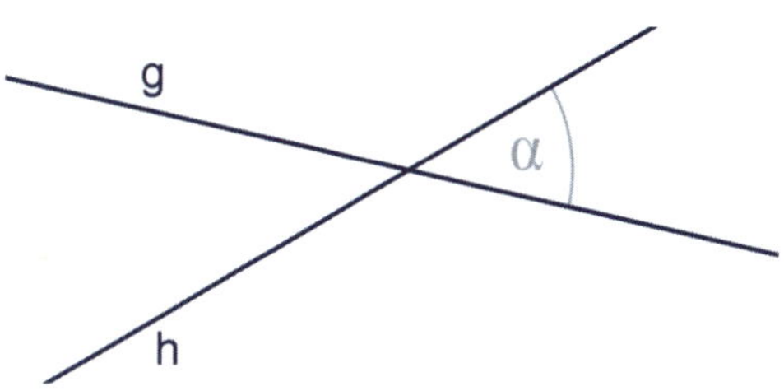

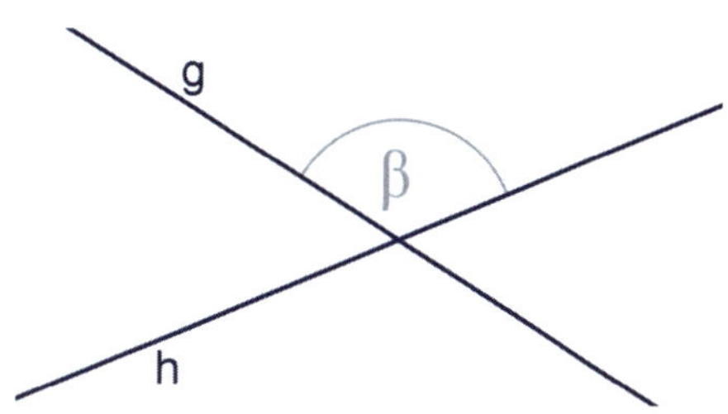

Winkelzeichnen

1 Zeichne mit dem Geodreieck:

$\alpha = 35°$ $\beta = 80°$ $\gamma = 11°$

$\delta = 100°$ $\varepsilon = 161°$ $\omega = 280°$

2 Zeichne mit dem Geodreieck:

$\alpha = 60°$ $\beta = 30°$ $\gamma = 120°$

$\delta = 90°$ $\varepsilon = 75°$ $\omega = 245°$

3 Zeichne mit dem Geodreieck:

$\alpha = 105°$ $\beta = 150°$ $\gamma = 225°$

Kreis

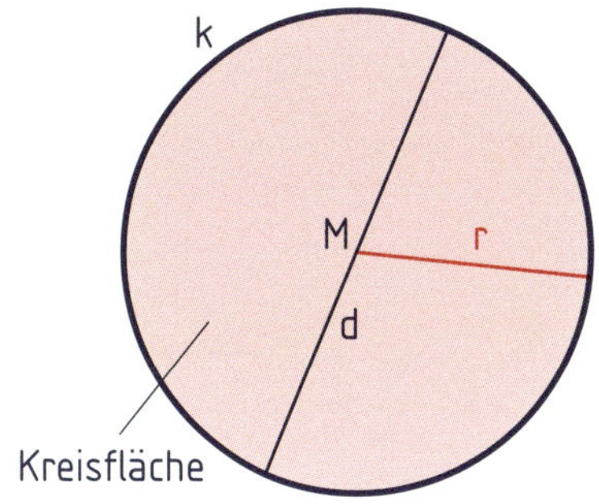

k … Kreislinie (Kreis), **M** … Mittelpunkt,
r … Radius, **d** … Durchmesser

Der Durchmesser geht durch den Mittelpunkt und ist doppelt so lang wie der Radius. Es gilt: $\mathbf{d = 2 \cdot r}$

Alle Punkte des Kreises haben vom Mittelpunkt denselben Abstand. Der Abstand ist der Radius **r**.

Kreis – Punkt

Der Punkt X liegt:

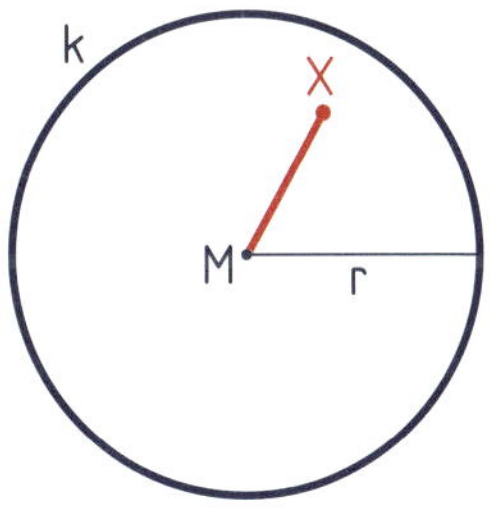

innerhalb des Kreises k
$\overline{XM} < r$

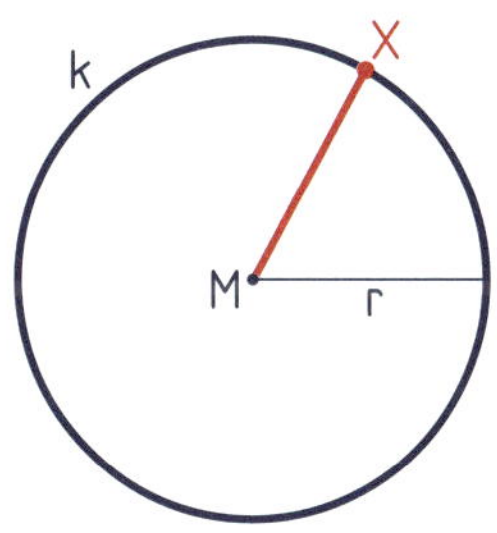

auf dem Kreis k
$\overline{XM} = r$

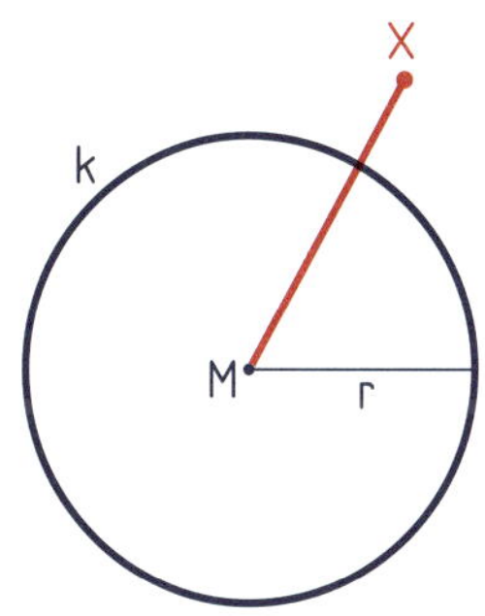

außerhalb des Kreises k
$\overline{XM} > r$

Kreis – Gerade

Sekante: Gerade, die den Kreis k in zwei Punkten A und B schneidet. Die Strecke AB heißt Sehne des Kreises.

Tangente: Gerade, die den Kreis k in einem Punkt T berührt. Die Tangente steht normal auf den Radius MT.

Passante: Gerade, die am Kreis k vorbeigeht. Der Kreis und die Gerade haben keinen Punkt gemeinsam.

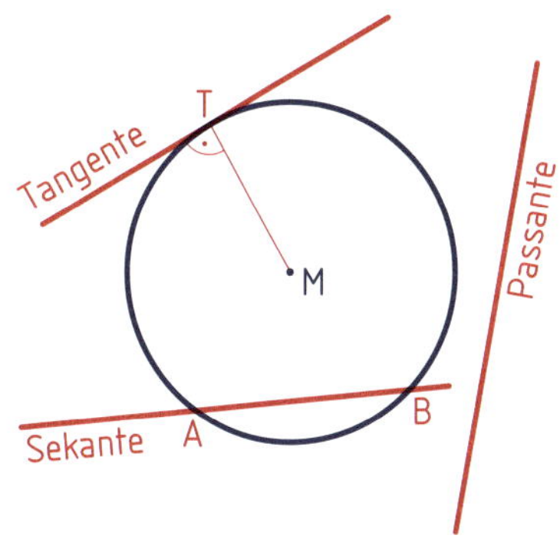

Kreisteile

Kreissektor

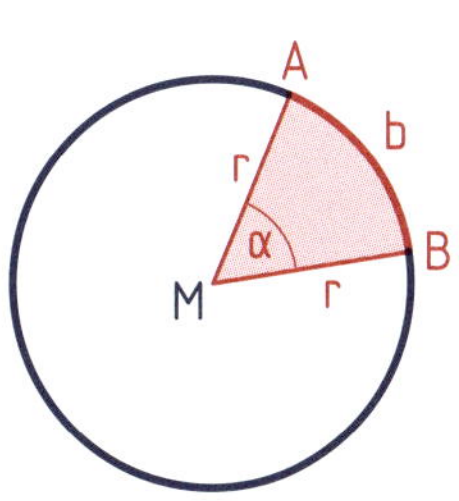

Der Kreissektor ist von **zwei Radien** und einem **Kreisbogen** begrenzt. Der von den Radien eingeschlossene Winkel heißt **Zentriwinkel** α.

Kreissegment

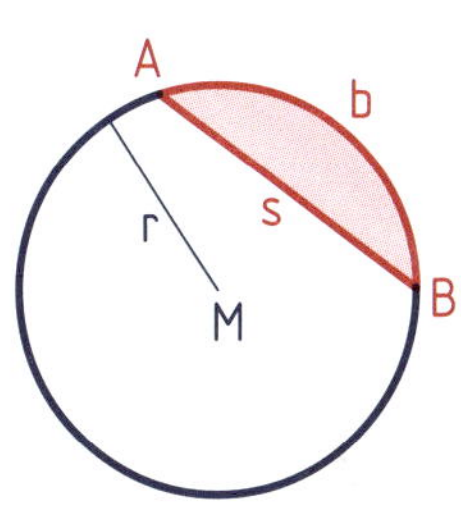

Das Kreissegment ist von einem **Kreisbogen** und der dazugehörigen **Sehne** begrenzt.

Kreisring

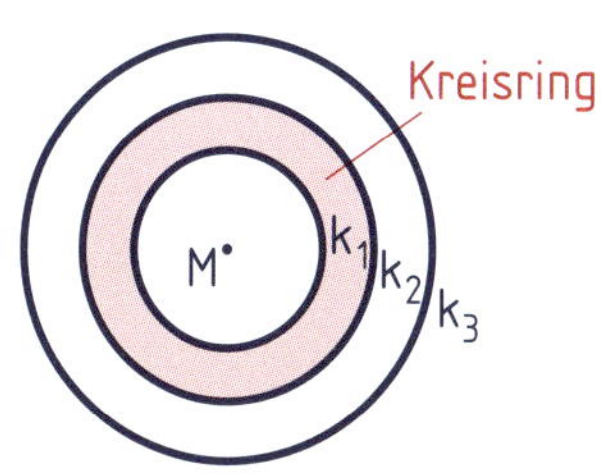

Kreise, die denselben Mittelpunkt haben, heißen **konzentrische Kreise**.
Der Kreisring wird von **zwei konzentrischen Kreisen** begrenzt.

Beispiel: Zeichne einen Kreis mit dem Radius r = 27 mm und eine beliebige Gerade g. Konstruiere jenen Durchmesser, der **a)** normal auf die Gerade g steht, **b)** parallel zur Geraden g ist.

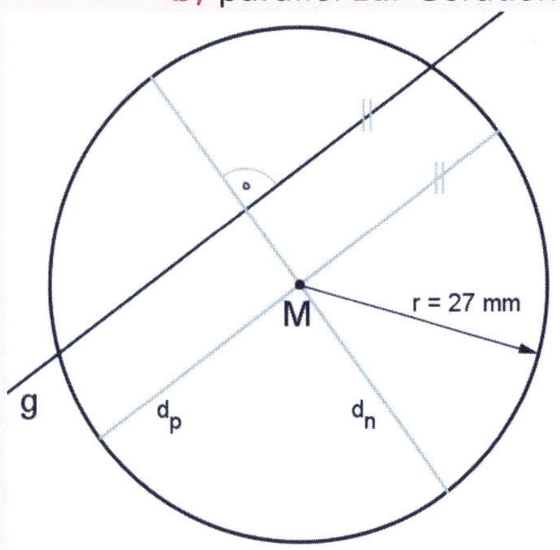

Zeichne zunächst die Angabe!

Verschiebe die Gerade g mit Hilfe des Geodreiecks parallel durch den Mittelpunkt M! Zeichne dabei nur den Durchmesser ein, beschrifte ihn mit d_p!

Errichte mit Hilfe des Geodreiecks eine Normale auf die Gerade g durch den Mittelpunkt M! Zeichne nur den Durchmesser ein, beschrifte ihn mit d_n!

Beispiel: Zeichne einen Kreis k mit dem Radius r = 29 mm und eine beliebige Gerade g. Konstruiere drei zu g normale Geraden so, dass **a)** eine Sekante, **b)** eine Tangente, **c)** eine Passante entsteht.

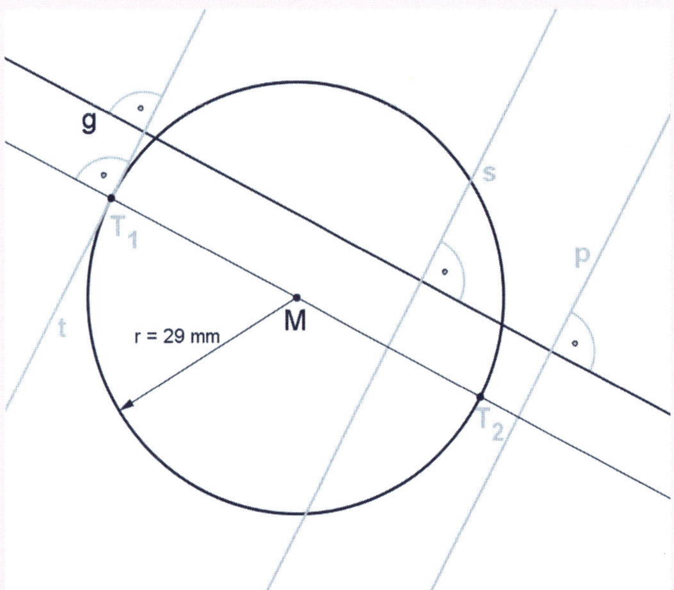

Zeichne zunächst die Angabe!

Zeichne eine Normale außerhalb des Kreises (= Passante), beschrifte sie mit p.

Zeichne eine Normale innerhalb des Kreises (= Sekante), beschrifte sie mit s.

Du weißt, dass die Tangente den Kreis berührt und dabei auf den Radius normal steht. Du musst zuerst eine Parallel zu g durch M errichten und mit der Kreislinie schneiden. Du erhältst zwei Punkte T_1 und T_2. Zeichne die Normale auf g durch T_1 ein (= normale Tangente), beschrifte sie mit t!

Beispiel: Zeichne einen 20 mm breiten Kreisring, dessen innerer Kreis den Radius r = 15 mm hat.

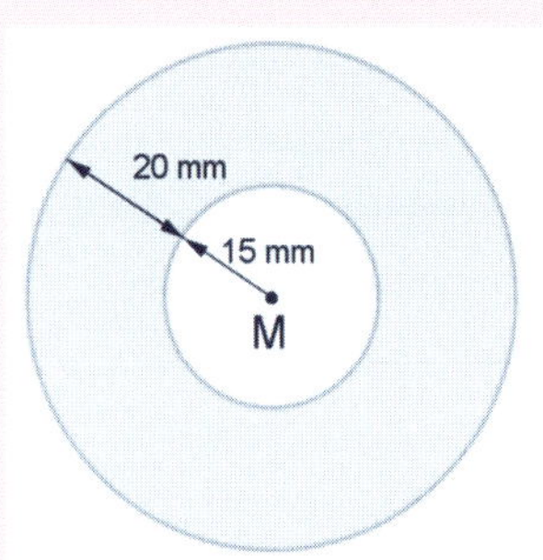

Diese Zeichnung ist verkleinert dargestellt.
Zeichne sie mit den richtigen Maßen.
Zeichne zunächst den inneren Kreis mit dem Radius 15 mm.

Da der Kreisring eine Breite von 20 mm hat, muss der Radius des äußeren Kreises 35 mm sein.

Kreis

1 Zeichne einen Kreis mit dem Radius r = 50 mm und eine beliebige Gerade g! Konstruiere jenen Durchmesser, der a) normal auf die Gerade g steht, b) parallel zur Geraden g ist!

2 Zeichne einen Kreis mit dem Radius r = 40 mm! Konstruiere zwei aufeinander normal stehende Durchmesser AC und BD! Verbinde ABCD! Welche Figur entsteht?

3 Konstruiere ein Kreissegment mit dem Radius r = 48 mm und der Kreissehne s = 58 mm!

4 Konstruiere einen Kreissektor mit dem Radius r = 51 mm und der Kreissehne s = 46 mm! Zeichne den Zentriwinkel α ein und miss ihn ab!

5 Zeichne einen Kreis mit dem Radius r = 36 mm! Nimm auf dem Kreis einen Punkt P an und ziehe von P aus eine Kreissehne s mit der Länge 48 mm! Ermittle den Abstand $\overline{Ms}$, das ist der Abstand des Mittelpunkts von der Kreissehne s!

6 Zeichne einen 25 mm breiten Kreisring, dessen äußerer Kreis den Radius r = 65 mm hat!

7 Zeichne einen Kreis k mit dem Radius r = 38 mm! Nimm auf k drei beliebige Punkte an! Konstruiere in jedem dieser Punkte die Tangente! (Du musst zuerst den Radius zu jedem Punkt einzeichnen! Die zugehörige Tangente steht normal auf dem Radius.)

8 Zeichne einen Kreis k mit dem Radius r = 48 mm und eine beliebige Gerade g! Konstruiere drei zu g parallele Geraden so, dass a) eine Sekante, b) eine Tangente, c) eine Passante entsteht!

9 Zeichne einen Kreis k mit dem Radius r = 52 mm und eine beliebige Gerade g! Konstruiere drei zu g normale Geraden so, dass a) eine Sekante, b) eine Tangente, c) eine Passante entsteht!

10 Zeichne einen Kreis mit dem Radius r = 40 mm! Zeichne einen beliebigen Durchmesser in den Kreis ein! Konstruiere Tangenten, die zu diesem Durchmesser parallel sind, und solche, die zu diesem Durchmesser normal sind! Welche Figur entsteht?

11 Zeichne einen Kreis mit dem Radius r = 60 mm! Zeichne einen Kreissektor mit dem zugehörigen Zentriwinkel $\alpha = 60°$!

12 Zeichne einen Kreis mit dem Radius r = 50 mm! Zeichne ein Kreissegment mit der zugehörigen Kreissehne s = 50 mm!

Symmetrie

Wenn du eine Figur entlang einer Geraden faltest und die beiden entstanden Teile deckungsgleich übereinander zu liegen kommen, dann nennt man diese Figur symmetrisch. Die Gerade (Faltlinie) wird als **Symmetrieachse** bezeichnet.

Beispiele für symmetrische Figuren:

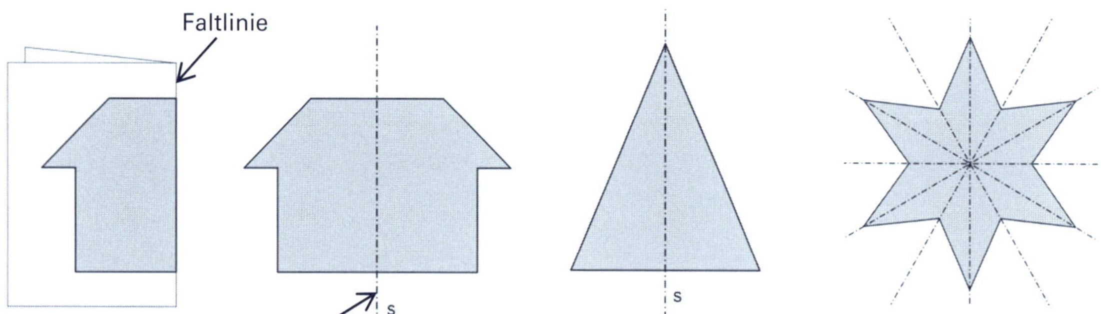

Dieser Stern hat 6 Symmetrieachsen.

Beispiel: Ergänze zu einer symmetrischen Figur!

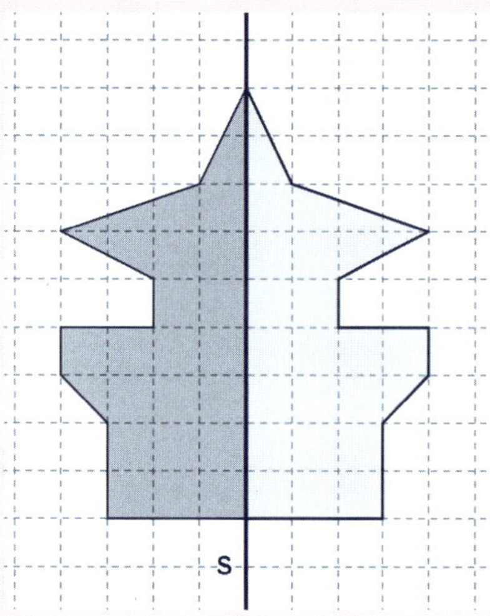

Du musst die Punkte entlang der Symmetrieachse spiegeln.
Dazu kannst du mit dem Geodreieck jeweils den Normalabstand der einzelnen Punkte von der Symmetrieachse s auf der anderen Seite auftragen.

Es geht aber auch ohne Geodreieck.
Zähle einfach die Kästchen ab und spiegle die Punkte.

Beispiel: Zeichne in den Figuren die Symmetrieachsen ein!

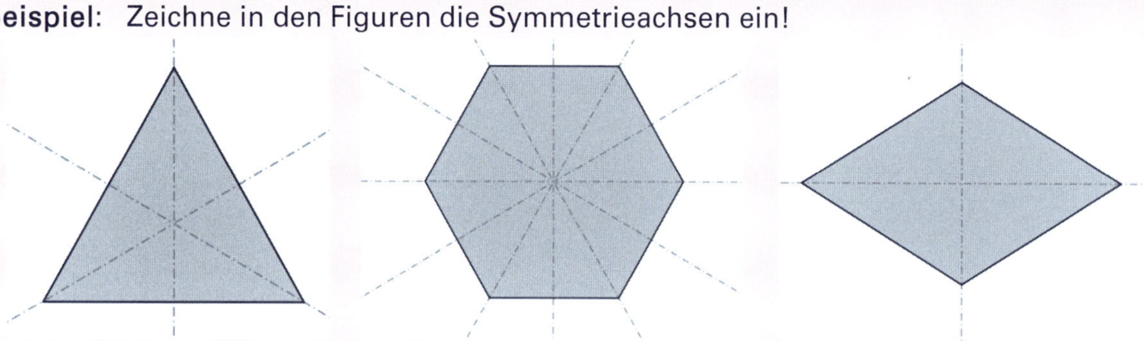

3 Symmetrieachsen

6 Symmetrieachsen

2 Symmetrieachsen

Rechteck und Quadrat

Konstruktion und Umfang

Rechteck

Ein Rechteck ist ein Viereck, bei dem
- die jeweils gegenüberliegenden Seiten parallel und gleich lang sind.
- die **Länge** mit a, die **Breite** mit b bezeichnet wird.
- die Verbindungsstrecke der gegenüberliegenden Eckpunkte **Diagonale** heißt.
- die beiden Diagonalen gleich lang sind und einander halbieren.
- es **vier rechte Winkel** gibt.
- man einen **Umkreis** zeichnen kann.

Konstruktion

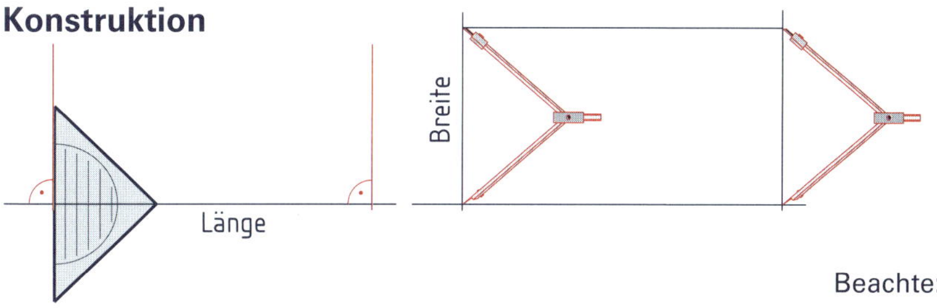

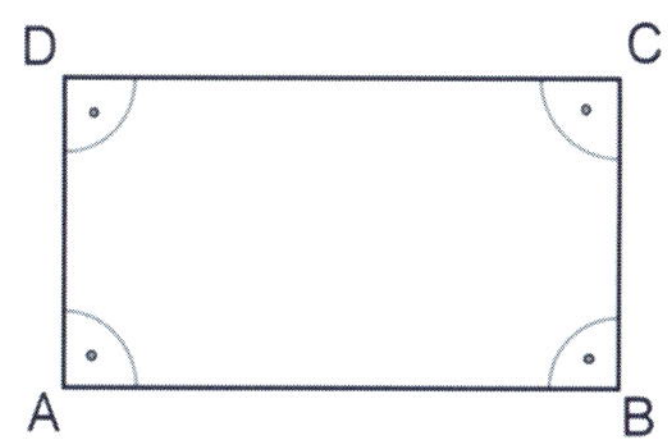

Beachte: Die Beschriftung der Eckpunkte erfolgt gegen den Uhrzeigersinn.

Umfang des Rechtecks

Der **Umfang** ist die Summe der vier Seitenlängen.

$u = a + b + a + b$

$u = a \cdot 2 + b \cdot 2 = (a + b) \cdot 2$

Beispiel:
Konstruiere das Rechteck mit der Länge a = 5 cm und der Breite b = 3 cm und berechne den Umfang! Zeichne auch die Diagonalen ein! Miss die Diagonalen, zeichne den Umkreis und gib den Radius r an!

$u = (5 + 3) \cdot 2 = 8 \cdot 2 = 16$ cm, $d = 5{,}8$ cm

Der Mittelpunkt des Umkreises M ist der Schnittpunkt der Diagonalen. Der Umkreisradius entspricht der halben Länge der Diagonalen.

$r = 2{,}9$ cm

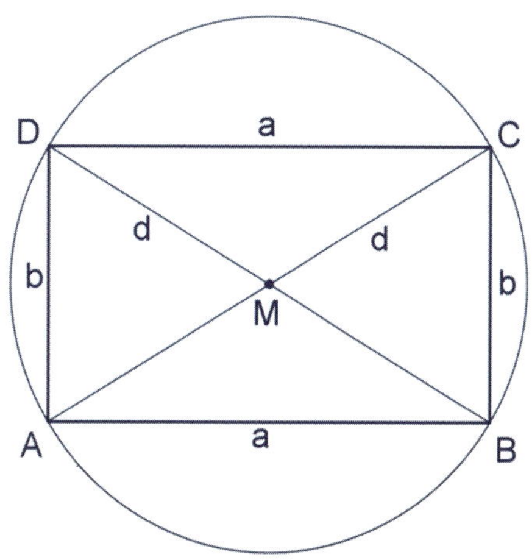

Beispiel:
Konstruiere ein Rechteck mit a = 53 mm und b = 35 mm!
Zeichne die Diagonalen ein und gib die Winkel wie in der Skizze an!
Was kannst du über die Größe der Winkel aussagen?

Skizze

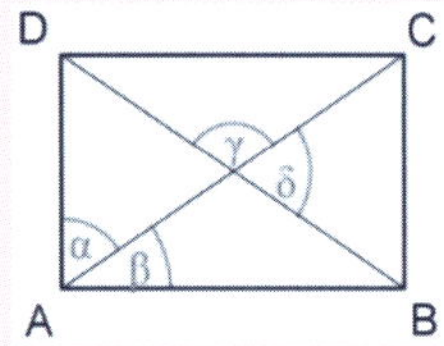

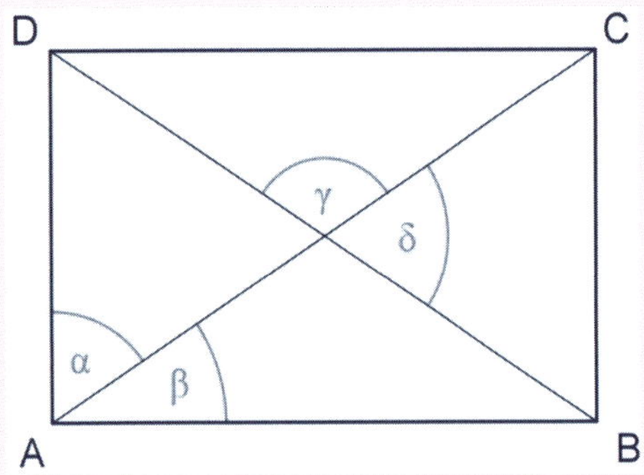

$\alpha = 57°$
$\beta = 33°$
Es gilt $\alpha + \beta = 90°$

$\gamma = 113°$
$\delta = 67°$
Es gilt $\gamma + \delta = 180°$

Quadrat

Ein Quadrat ist ein Viereck, bei dem
- alle **vier Seiten gleich lang** sind.
- die Seiten mit a bezeichnet werden.
- jeweils zwei Seiten parallel sind.
- die **Diagonalen** gleich lang sind, einander **halbieren** und einen **rechten Winkel** bilden.
- jeweils zwei Seiten einen rechten Winkel bilden, es also **4 rechte Winkel** gibt.
- man einen **Umkreis** und einen **Inkreis** zeichnen kann.

Umfang des Quadrats

Der **Umfang** ist die Summe der vier Seitenlängen.

$u = a + a + a + a$
$u = a \cdot 4$

Beispiel:
Konstruiere das Quadrat mit der Länge a = 3 cm und berechne den Umfang! Zeichne auch die Diagonalen ein und miss sie ab!
Zeichne den Umkreis und den Inkreis! Gib jeweils den Radius an!

$u = 3 \cdot 4$
$u = 12$ cm

$d = 4{,}2$ cm

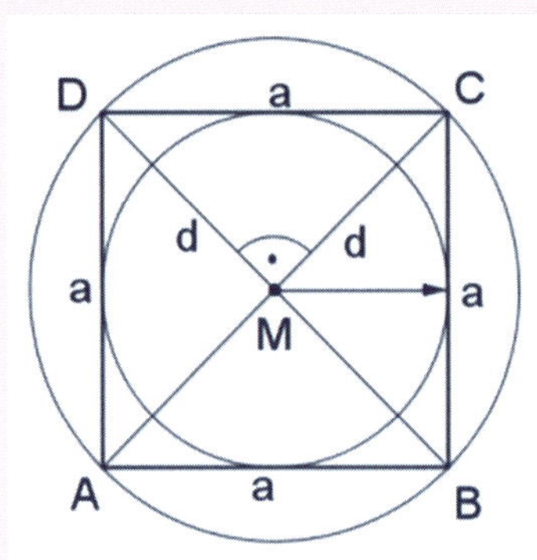

Der Mittelpunkt des Umkreises M ist der Schnittpunkt der Diagonalen. Der Umkreisradius entspricht der halben Länge der Diagonalen.
Umkreisradius: 2,1 cm

Der Mittelpunkt des Inkreises M ist der Schnittpunkt der Diagonalen. Der Umkreisradius entspricht der halben Seitenlänge.
Inkreisradius: 1,5 cm

Konstruktion und Umfang von Rechteck und Quadrat

Konstruiere das Rechteck bzw. Quadrat und berechne den Umfang! Miss die Länge der Diagonalen ab! Zeichne den Umkreis und wenn möglich den Inkreis ein!

1 Rechteck:
a = 6 cm
b = 3 cm

2 a) Quadrat
a = 34 mm

b) Quadrat
a = 4,7 cm

3 Rechteck
a = 105 mm
b = 28 mm

4 Rechteck
a = 8 cm
b = 4 cm

5 In einem Wohnzimmer, das 6 m 50 cm lang und 4 m 30 cm breit ist, sollen Sesselleisten verlegt werden. Die Sesselleisten dienen als Abschluss zwischen dem Boden und den Wänden. Wie viel Meter Sesselleisten müssen gekauft werden, wenn das Zimmer 2 Türen hat und für jede dieser Türen 1 m 20 cm abgezogen werden?

Flächenmaße – Umwandlungen

Flächeneinheiten

Ein Quadratzentimeter ist der Flächeninhalt eines Quadrats mit 1 cm Seitenlänge. 1 cm^2 besteht aus 100 Quadraten mit 1 mm^2 Flächeninhalt. Es gilt: 1 cm^2 = 100 mm^2

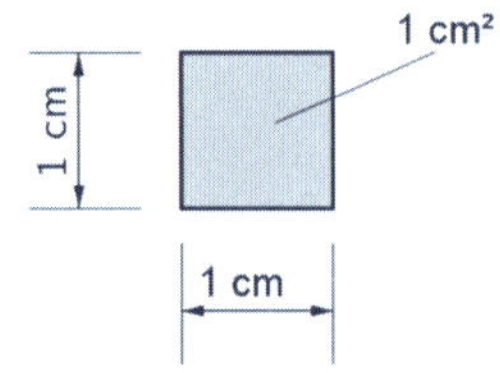

Seitenlänge eines Quadrats	1 km	100 m	10 m	1 m	1 dm	1 cm	1 mm
Flächeninhalt	1 km^2	1 ha	1 a	1 m^2	1 dm^2	1 cm^2	1 mm^2

Die **Verwandlungszahl** von benachbarten Flächeneinheiten ist **100.**

1 km^2	1 ha	1 a	1 m^2	1 dm^2	1 cm^2	1 mm^2

↑ 100 ha ↑ 100 a ↑ 100 m^2 ↑ 100 dm^2 ↑ 100 cm^2 ↑ 100 mm^2

1 km^2	1 ha	1 a	1 m^2	1 dm^2	1 cm^2	1 mm^2

0,01 km^2 ↑ 0,01 ha ↑ 0,01 a ↑ 0,01 m^2 ↑ 0,01 dm^2 ↑ 0,01 cm^2 ↑

Beim Verwandeln von Flächeneinheiten ist eine Stellenwerttafel oft hilfreich.

Beispiel:

Verwandle	m^2		dm^2		cm^2		mm^2		Ergebnis
4 m^2 → dm^2		4	0	0					400 dm^2
7,05 cm^2 → mm^2						7	0	5	705 mm^2
205 dm^2 → mehrnamig		2	0	5					2 m^2 5 dm^2
1,568 m^2 → cm^2		1	5	6	8	0			15 680 cm^2

Beispiel:

Verwandle	km^2		ha		a		m^2		dm^2		Ergebnis
250 m^2 → ha				0	0	2	5	0			0,025 ha
1,7 ha → km^2		0	0	1	7						0,017 km^2
37 309 a → km^2		3	7	3	0	9					3,7309 km^2
57 500 dm^2 → m^2						5	7	5	0	0	575 m^2

TIPP:

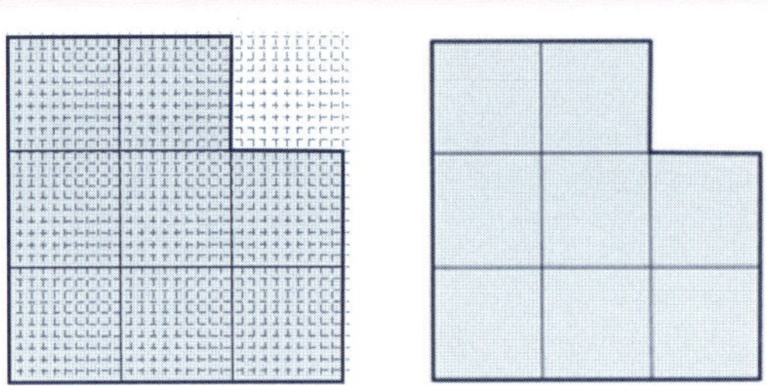

800 mm^2 = 8 cm^2
Einheit größer ⇒ Zahl kleiner

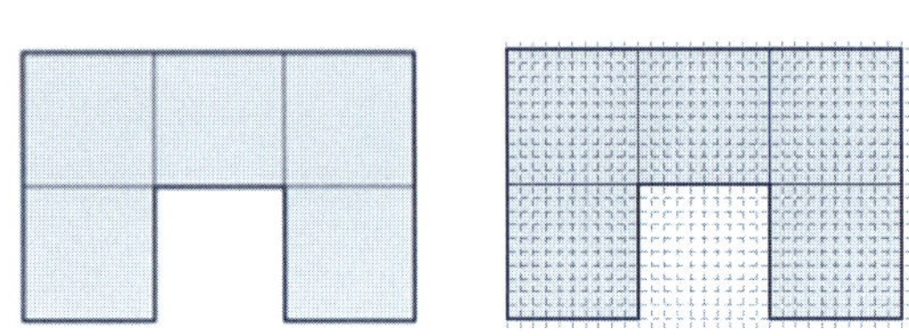

5 cm^2 = 500 mm^2
Einheit kleiner ⇒ Zahl größer

Flächenmaße – Umwandlungen

1 Verwandle in die angegebene Einheit!

a)	3 m^2 =	dm^2	b)	20 cm^2 =	mm^2	c)	15 dm^2 =	cm^2
	3,24 m^2 =	dm^2		0,51 dm^2 =	cm^2		15 ha =	a
	0,02 km^2 =	ha		8,3 cm^2 =	mm^2		30 m^2 =	dm^2
	0,15 cm^2 =	mm^2		0,7 dm^2 =	cm^2		14,2 km^2 =	ha

2 Verwandle in die angegebene Einheit!

a)	200 cm^2 =	dm^2	b)	340 m^2 =	a	c)	872 ha =	km^2
	18 dm^2 =	m^2		45,2 cm^2 =	dm^2		90 a =	ha
	3 000 m^2 =	a		0,5 ha =	km^2		8,2 dm^2 =	m^2
	1 048 mm^2 =	cm^2		17 000 dm^2 =	m^2		21,14 ha =	km^2

3 Verwandle in die angegebene Einheit!

a)	450 m^2 =	a	b)	2,73 dm^2 =	cm^2	c)	0,5 m^2 =	dm^2
	12 km^2 =	ha		0,16 cm^2 =	mm^2		3,15 dm^2 =	m^2
	300 a =	ha		60 dm^2 =	m^2		14,5 cm^2 =	mm^2
	31 mm^2 =	cm^2		31 cm^2 =	mm^2		0,1 km^2 =	ha

4 Verwandle in die angegebene Einheit!

a)	5 m^2 44 dm^2 =	dm^2	b)	5 dm^2 13 cm^2 26 mm^2 =	mm^2
	8 ha 90 a =	a		4 m^2 13 dm^2 2 cm^2 =	cm^2
	15 a 2 m^2 =	m^2		5 km^2 1 ha 35 m^2 =	m^2

5 Verwandle in die angegebene Einheit!

a)	6 cm^2 35 mm^2 =	cm^2	b)	3 m^2 15 dm^2 27 cm^2 =	m^2
	1 km^2 5 ha =	km^2		8 dm^2 5 cm^2 17 mm^2 =	cm^2
	14 ha 3 a =	ha		2 a 5 m^2 34 cm^2 =	m^2

6 Schreibe als mehrnamige Größe!

a)	2 450 cm^2 =	b)	911 m^2 =	c)	14 382 a =
	7,52 m^2 =		0,725 km^2 =		512,04 dm^2 =
	8,06 dm^2 =		11,3 ha =		2 222,2 m^2 =
	12,5 km^2 =		2,07 cm^2 =		0,10508 ha =

Flächeninhalt von Rechteck und Quadrat

Wie viele Rechtecke mit 1 cm^2 Flächeninhalt passen in ein Rechteck mit der Länge $a = 6$ cm und der Breite $b = 3$ cm?

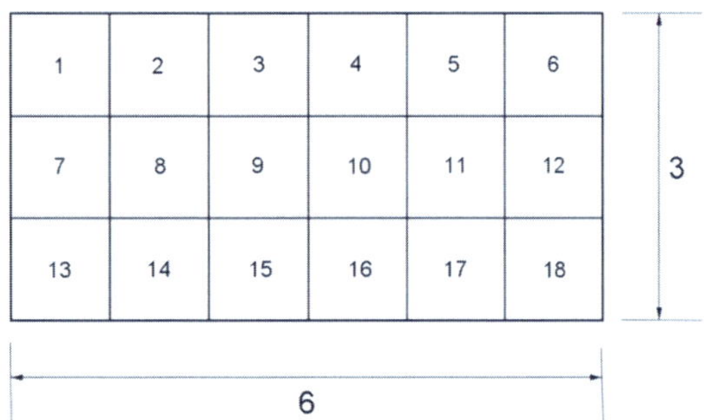

Es passen $6 \cdot 3$ Quadrate mit 1 cm^2 Flächeninhalt in das gegebene Rechteck,

$A = 18\ cm^2$

Flächeninhalt eines Rechtecks

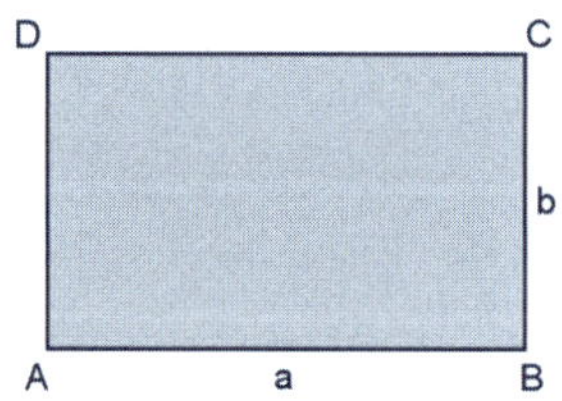

Der Flächeninhalt wird mit A bezeichnet.
Flächeninhalt eines Rechtecks = Länge mal Breite

Formel: $A = a \cdot b$

Beispiel:
Eine rechteckige Tischplatte ist 120 cm x 54 cm groß. Berechne den Flächeninhalt und die Kantenlänge (= Umfang) mit Hilfe der entsprechenden Formeln.

Es gilt: $a = 120$ cm und $b = 54$ cm

$A = a \cdot b$
$A = 120 \cdot 54$
$A = 6\,480\ cm^2$

$u = (a + b) \cdot 2$
$u = (120 + 54) \cdot 2$
$u = 174 \cdot 2$
$u = 348$ cm

NR: $120 \cdot 54$
600
480
6480

Die rechteckige Tischplatte ist 6 480 cm^2 groß, ihr Umfang beträgt 348 cm.

Flächeninhalt eines Quadrats

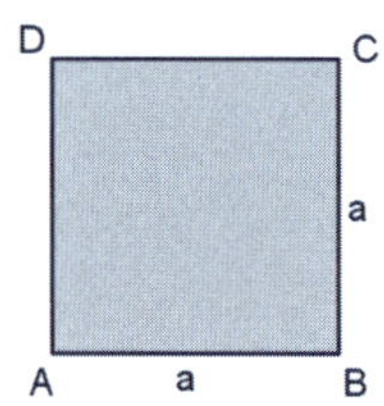

Flächeninhalt eines Quadrats = Länge mal Länge

Formel: $A = a \cdot a$

Beispiel:
Eine quadratische Glasplatte ist 45 cm x 45 cm groß. Berechne den Flächeninhalt.

Es gilt: $a = 45$ cm

$A = a \cdot a$
$A = 45 \cdot 45$
$A = 2\,025\ cm^2$

NR: $45 \cdot 45$
180
225
2025

Die quadratische Tischplatte ist 2 025 cm^2 groß.

Flächeninhalt von Rechteck und Quadrat

1 Wie viel m^2 Teppich benötigt man für ein Zimmer mit 6 m Länge und 4 m Breite?

2 Wie viel kg Samen braucht ein Bauer für sein Feld mit 130 m Länge und 40 m Breite, wenn er für 1 m^2 ungefähr 20 dag Samen rechnen muss?

3 In einer Baumschule sind für eine Fichte 4 m^2 Platz vorgesehen. Wie viele Fichten haben auf einem Areal mit 125 m Länge und 40 m Breite Platz?

4 Ein Bauer hat eine quadratische Wiese mit einer Seitenlänge von 65 m. Der Bauer möchte die Wiese zunächst einzäunen und dann verkaufen. Er glaubt, dass er für 1 m^2 Wiese 2 € 29 c bekommt. Berechne die Länge des Zaunes! Wie viel Geld bringt der Verkauf der Wiese ein?

5 Ein rechteckiger Tisch ist 1,60 m lang und 90 cm breit. Wie groß muss ein Tischtuch sein, wenn es auf jeder Seite 15 cm hinunterhängen soll?

6 Ein Waldstück mit einer Länge von 2,5 km und einer Breite von 800 m wird verkauft. Berechne den Preis, wenn für 1 a 17 € zu bezahlen sind!

7 Auf einem 1,5 ha großen Grundstück stehen ein Bauernhaus mit 18 m Länge und 12 m Breite sowie ein quadratischer Stall mit 14,5 m Seitenlänge. Wie viel m^2 sind freies Gelände?

8 Ein 1,5 ha großes Grundstück wird auf 25 Käufer aufgeteilt. Wie viel m^2 erhält jeder Käufer?

9 Ein Schachbrett hat 64 quadratische Felder mit je 4 cm Seitenlänge. Berechne die Fläche des gesamten Schachbrettes!

Umfang und Flächeninhalt – Umkehraufgaben

Bei Umkehraufgaben sind zum Beispiel der Umfang eines Quadrats oder der Flächeninhalt und eine Seite eines Rechtecks gegeben. Die Aufgabe besteht darin aus der entsprechenden Formel die fehlende Seitenlänge zu berechnen.

Beispiel:
Von einem Quadrat kennt man den Umfang $u = 10{,}8$ cm. Berechne die Seitenlänge und den Flächeninhalt des Quadrats.

$u = 4 \cdot a$ Formel für den Umfang eines Quadrats
$a = u : 4$
$a = 10{,}8 : 4$ Einsetzen
$a = 2{,}7$ cm
Die Seitenlänge des Quadrats beträgt 2,7 cm.

$A = a \cdot a$ Formel für den Flächeninhalt
$A = 2{,}7 \cdot 2{,}7$
$A = 7{,}29\ \text{cm}^2$

NR: 2,7 · 2,7
54
189
7,29

Der Flächeninhalt des Quadrats beträgt $7{,}29\ \text{cm}^2$.

Beispiel:
Von einem Rechteck kennt man den Flächeninhalt $A = 49{,}92\ \text{cm}^2$ und die Breite $b = 6{,}4$ cm. Berechne die Länge des Rechtecks und den Umfang.

$A = a \cdot b$ Formel für den Flächeninhalt
$a = A : b$
$a = 49{,}92 : 6{,}4$ Einsetzen für A und b
$a = 7{,}8$ cm
Das Rechteck ist 7,8 cm lang.

NR: 49,92 : 6,4
499,2 : 64 = 7,8
512
0 Rest

$u = (a + b) \cdot 2$ Formel für den Umfang eines Rechtecks
$u = (7{,}8 + 6{,}4) \cdot 2$
$u = 14{,}2 \cdot 2$
$u = 28{,}4$ cm
Der Umfang des Rechtecks beträgt 28,4 cm.

Beispiel:
Ein 36 m langes Grundstück ist von einer 122 m langen Mauer umgeben. Wie breit ist das Grundstück?

$(a + b) \cdot 2 = u$ Die Länge der Mauer entspricht dem Umfang des Grundstücks, die Länge des Grundstücks ist $a = 36$ m.
$a + b = u : 2$
$b = u : 2 - a$ Einsetzen
$b = 122 : 2 - 36$
$b = 61 - 36$
$b = 25$ m Das Grundstück ist 25 m breit.

Weitere Aufgaben zu Rechteck und Quadrat

1 Von einem Quadrat kennt man den Umfang $u = 15{,}2$ dm. Berechne die Seitenlänge und den Flächeninhalt!

2 Von einem Rechteck kennt man den Flächeninhalt $A = 12{,}48\ cm^2$ und die Länge der Seite $a = 5{,}2$ cm. Berechne die Länge der zweiten Seite und den Umfang!

3 Von einem Rechteck kennt man den Umfang $u = 16{,}8$ cm und die Länge der Seite $b = 2{,}3$ cm. Berechne die Länge der zweiten Seite und den Flächeninhalt!

4 Von einem Rechteck kennt man die Längen der Seiten $a_1 = 5{,}4$ cm und $b_1 = 3{,}6$ cm. Von einem zweiten Rechteck, das denselben Flächeninhalt hat, kennt man die Länge $a_2 = 10{,}8$ cm. Wie breit muss das zweite Rechteck sein?

5 Eine 1 400 m^2 große Lagerhalle ist 28 m breit. An einer Längsseite muss eine neue Dachrinne montiert werden. Wie viel m Dachrinne werden benötigt?

6 Für einen Einbaukasten benötigt ein Tischler 12 Bretter mit 1,35 m Länge und 45 cm Breite. Wie viel m^2 Holz braucht er dazu mindestens?

7 Wie viele Plakate mit 80 cm x 55 cm Größe haben auf einer 4 m langen und 2,2 m hohen Plakatwand Platz?

8 Der Boden eines Badezimmers mit 2,8 m Länge und 2,2 m Breite soll mit quadratischen Fliesen mit 30 cm Seitenlänge verfliest werden. Wie viele Fliesen benötigt man mindestens?

9 Eine Wohnzimmerwand mit 4,8 m Länge und 2,7 m Höhe soll tapeziert werden. Wie viele Tapetenrollen braucht man, wenn auf einer Rolle 10 m Tapete mit 53 cm Breite sind?

Zusammengesetzte Flächen

Es gibt viele Flächen, die aus Rechtecken bzw. Quadraten zusammengesetzt sind.

Beispiel: Gib den Flächeninhalt an!
In diesem Beispiel kannst du die Quadrate und Rechtecke zählen, aus denen die Figur zusammengesetzt ist.

a)

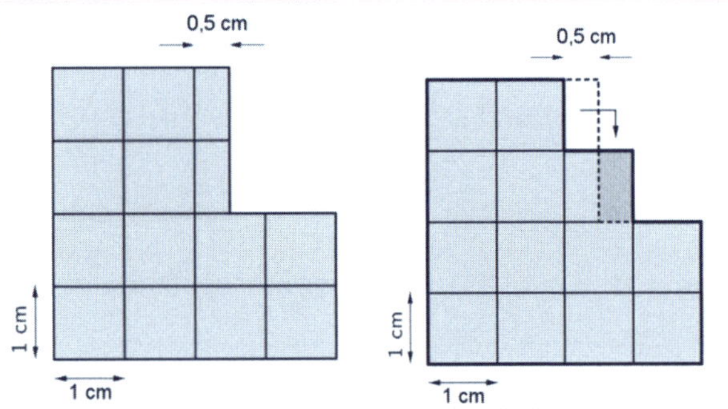

Die Figur besteht aus 12 Quadraten und 2 Rechtecken. Jedes Quadrat hat einen Flächeninhalt von 1 cm^2. Die beiden Rechtecke ergeben zusammen ein Quadrat mit 1 cm^2 Flächeninhalt.
$\Rightarrow A = 13\ cm^2$

b)

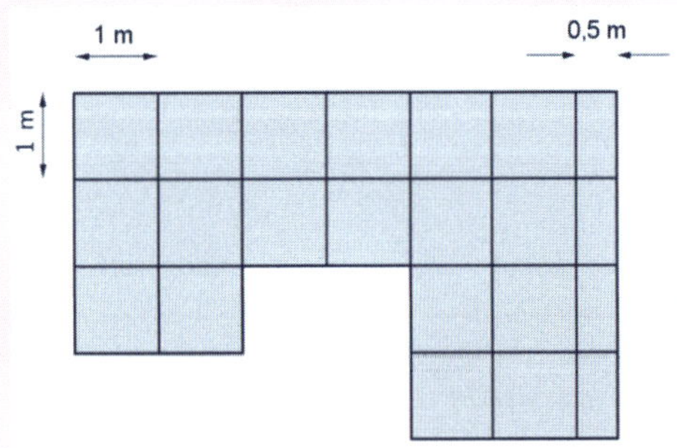

Die Figur besteht aus 18 Quadraten und 4 Rechtecken. Jedes Quadrat hat einen Flächeninhalt von 1 m^2. Je zwei der Rechtecke ergeben zusammen ein Quadrat mit 1 m^2 Flächeninhalt (Vergleich Beispiel a)
$\Rightarrow A = 20\ m^2$

Beispiel:
Berechne den Flächeninhalt und den Umfang der folgenden Figur (Maße in m)!

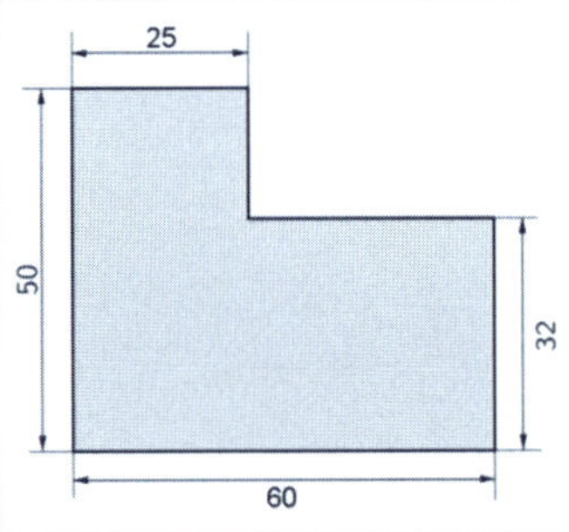

Um die fehlenden Größen und den Flächeninhalt zu berechnen, musst du folgendermaßen vorgehen:

Senkrecht: $50 - 32 = 18$

Waagrecht: $60 - 25 = 35$

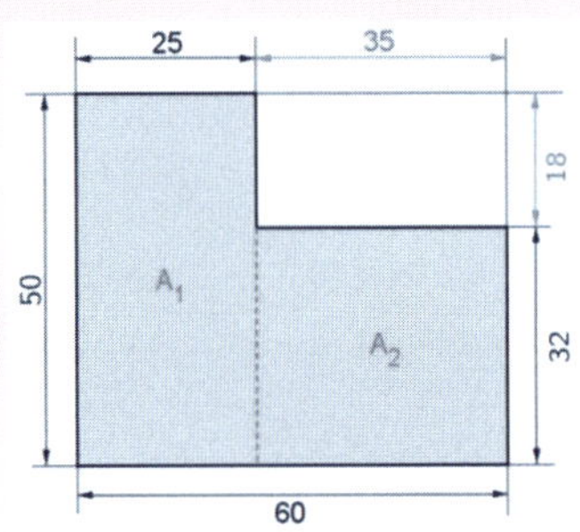

Für die Berechnung des Flächeninhalts zerlege die Figur in zwei Rechtecke:

$A_1 = 25 \cdot 50$ $A_2 = 35 \cdot 32$
$A_1 = 1\,250$ $A_2 = 1\,120$

NR: $35 \cdot 32$
105
70
1120

Gesamtfläche:
$A = A_1 + A_2$
$A = 1\,250 + 1\,120$
$A = 2\,370\ m^2$

Für den Umfang musst du alle Seiten addieren:

$u = 60 + 32 + 35 + 18 + 25 + 50$
$u = 220\ m$

Zusammengesetzte Flächen

Berechne den Flächeninhalt und den Umfang der dargestellten Figuren (Maße in m)!

1

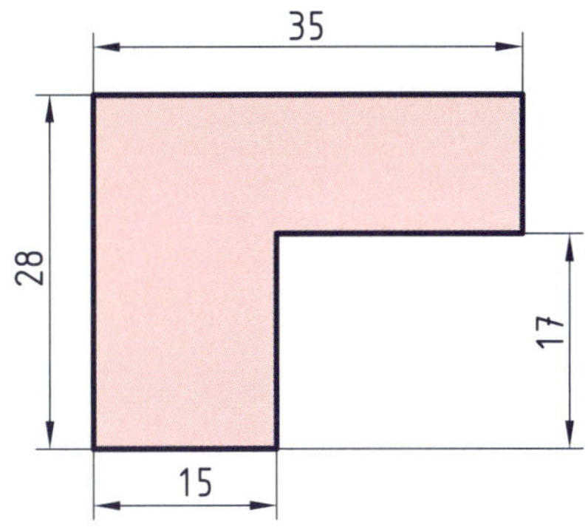

2

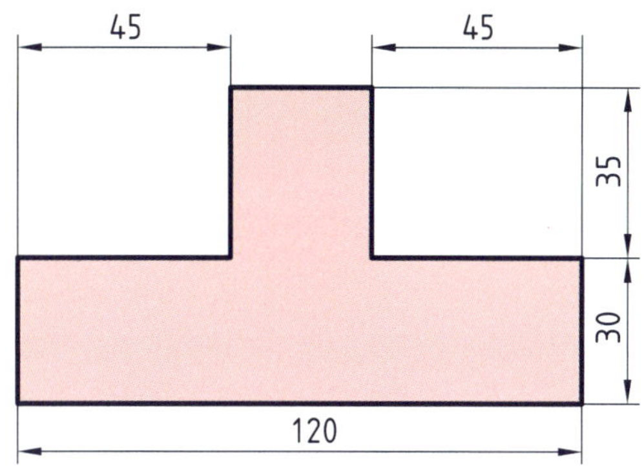

3

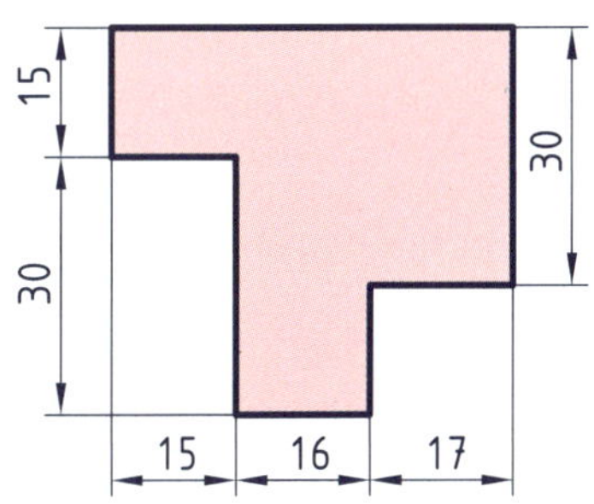

4

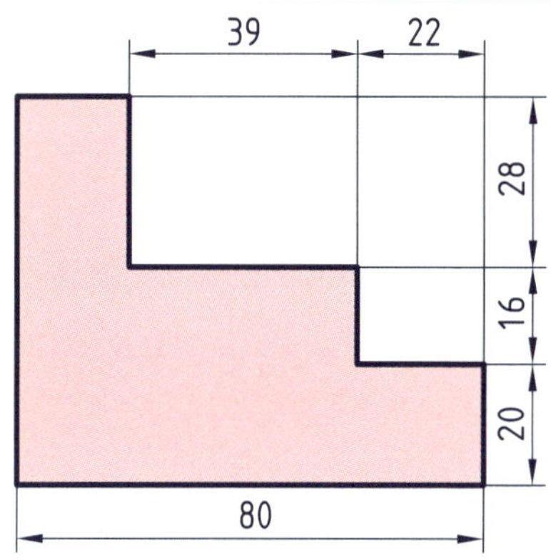

5

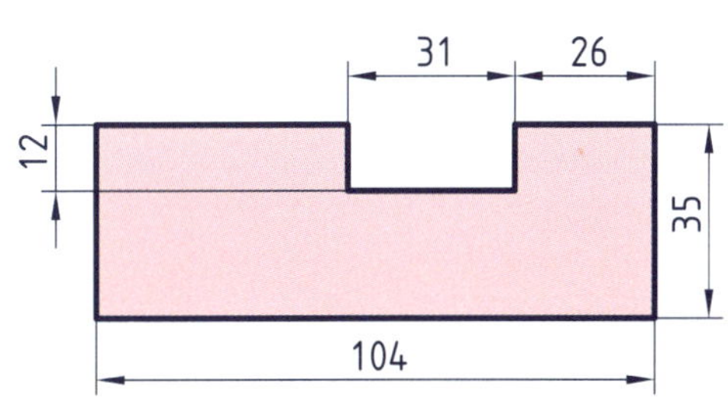

6

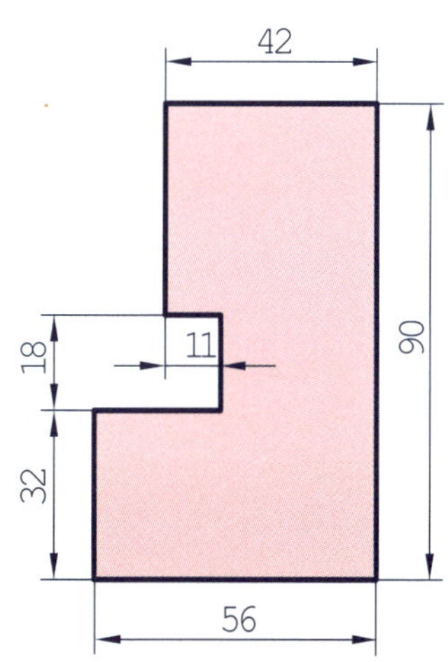

Maßstab

Werkzeichnungen, Grundrisse und Pläne werden oft verkleinert – in einem Maßstab – dargestellt, da man sie nicht in wahrer Größe zeichnen kann.

Der Maßstab 1 : 10 bedeutet: **10 ... Maßstabszahl (M)**

1 cm Plan (P) ← 1 : 10 → **10 cm** Wirklichkeit (W)

Der Maßstab 1 : 10 bedeutet:
Jede **Strecke in der Zeichnung** (im Plan) ist **in der Wirklichkeit 10-mal so lang.**
Jede **Strecke in der Wirklichkeit** wird **in der Zeichnung** (im Plan) auf ein **Zehntel verkleinert**.

Beispiel:
Hanna möchte eine rechteckige Tasche aus einem Stück Stoff nähen. Im Schnittplan, der im Maßstab 1 : 10 gezeichnet ist, ist die Tasche 5,5 cm lang und 3,8 cm breit. Wie groß wird die Tasche in Wirklichkeit?

Hanna muss also
5,5 cm mit 10 multiplizieren, um auf die Länge in Wirklichkeit zu kommen:
$5{,}5 \cdot 10 = 55$ cm
3,8 cm mit 10 multiplizieren, um auf die Breite in Wirklichkeit zu kommen:
$3{,}8 \cdot 10 = 38$ cm

Die Tasche wird in Wirklichkeit 55 cm lang und 38 cm breit sein.

Der Maßstab 1 : 100 bedeutet: **100 ... Maßstabszahl (M)**

1 cm Plan (P) ← 1 : 100 → **100 cm** Wirklichkeit (W)

Der Maßstab 1 : 100 bedeutet:
Jeder **Strecke in der Zeichnung** (im Plan) entspricht eine **100-mal so lange Strecke in der Wirklichkeit.** Jede **Strecke in der Wirklichkeit** entspricht einem **Hundertstel dieser Strecke in der Zeichnung** (im Plan).

Du kannst dafür auch eine Formel anschreiben:

Plan $\xrightarrow{\cdot 100}$ **Wirklichkeit**, **Wirklichkeit** $\xrightarrow{: 100}$ **Plan**

P $\xrightarrow{\cdot 100}$ **W**, **W** $\xrightarrow{: 100}$ **P**

Man erhält die Länge in Wirklichkeit W, wenn man die Länge im Plan P mit der Maßstabszahl M multipliziert.

Formel: $P \cdot M = W$

Beispiel:
Wenn du den Grundriss eines rechteckigen Zimmers, das 6 m lang und 4,5 breit ist, darstellen möchtest, so kannst du zum Beispiel den Maßstab 1 : 100 verwenden.
Um auf die Länge in der Zeichnung zu kommen, musst du

6 m = 600 cm durch 100 dividieren:
600 : 100 = 6 cm
4,5 m = 450 cm durch 100 dividieren:
450 : 100 = 4,5 cm

Plan des Zimmers im Maßstab 1 : 100

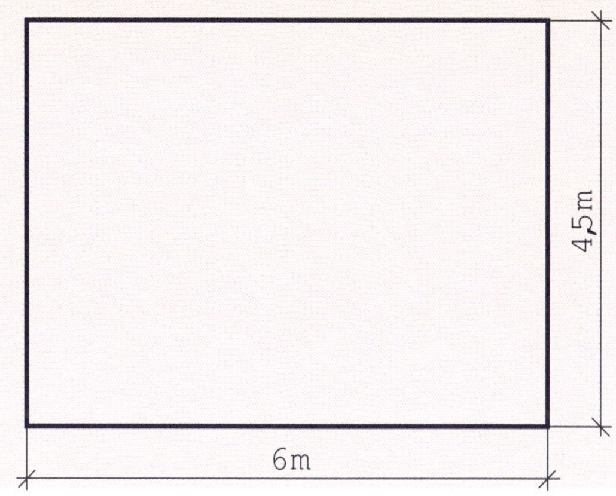

Beispiel:
Alex fährt mit dem Rad auf dem fast immer geradlinig verlaufenden Radweg von zu Hause in die Schule. Er weiß, dass die Strecke 3,2 km lang ist. Wenn er diese Strecke mit dem Geodreieck auf dem Stadtplan nachmisst, so ist sie 12,8 cm lang. In welchem Maßstab ist der Plan?

Um herauszufinden, in welchem Maßstab der Plan angefertigt ist, musst du dir überlegen, durch welche Zahl die Länge in Wirklichkeit dividiert wurde, um die Länge im Plan zu bekommen. Also **wie oft ist die Länge im Plan in der Länge in Wirklichkeit enthalten**. Beachte, dass du auf die gleiche Einheit umrechnen musst.

Länge in Wirklichkeit: 3,2 km = 3 200 m = 320 000 cm
Länge im Plan: 12,8 cm
320 000 cm : 12,8 cm = 25 000

NR: 320 000 : 12,8

```
3200000 : 128 = 25000
 640
   00
    00
     00
```

Der Plan ist im Maßstab 1 : 25 000 angefertigt.

Um die Maßstabszahl M zu errechnen, musst du die **Strecke in der Wirklichkeit** durch die **Strecke in der Zeichnung** (im Plan) dividieren. Beachte, dass die Strecken dieselbe Einheit haben müssen.

Formel

$$W : P = M$$

Beispiel:
Bibi fährt mit ihren Eltern zum Schifahren nach Tirol. Sie misst im Atlas die Entfernung von ihrem Heimatort Eisenstadt nach Kitzbühel mit 21,2 cm. Als Maßstab ist für diese Karte 1 : 1 500 000 angegeben. Bibis Vater sagt, dass die Entfernung von Eisenstadt nach Kitzbühel 421 Straßenkilometer beträgt. Um wie viel ist die Luftlinie kürzer?

Länge der Luftlinie in Wirklichkeit:

$21{,}2\text{ cm} \cdot 1\,500\,000 =$

$= 31\,800\,000\text{ cm} =$

$= 318\,000\text{ m} =$

$= 318\text{ km}$

Formel: $P \cdot M = W$

NR:

$21{,}2 \cdot 1500000$

212

1060

000000

31800000,0

Unterschied:

$421 - 318 = 103$

Die Luftlinie ist um 103 km kürzer.

Beispiel:
In der nebenstehenden Skizze ist ein Grundstück dargestellt (Maße in m).

a) Zeichne das Grundstück im Maßstab 1 : 500!

b) Berechne Flächeninhalt und Umfang!

c) Wie lang ist die Strecke von A nach B in Wirklichkeit?

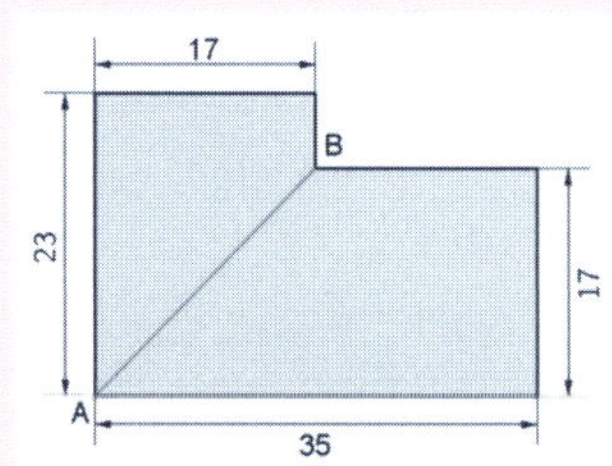

Um das Grundstück im Maßstab zeichnen zu können, musst du die vorkommenden Längenstücke (Längen in Wirklichkeit) in die entsprechenden Längen im Plan umrechnen.

35 m = 3 500 cm	3500 : 500 = 7	35 m entspricht 7 cm. Man schreibt: 35 m ≙ 7 cm
23 m = 2 300 cm	2300 : 500 = 4,6	23 m ≙ 4,6 cm
17 m = 1 700 cm	1700 : 500 = 3,4	17 m ≙ 3,4 cm

Plan im Maßstab 1 : 500:

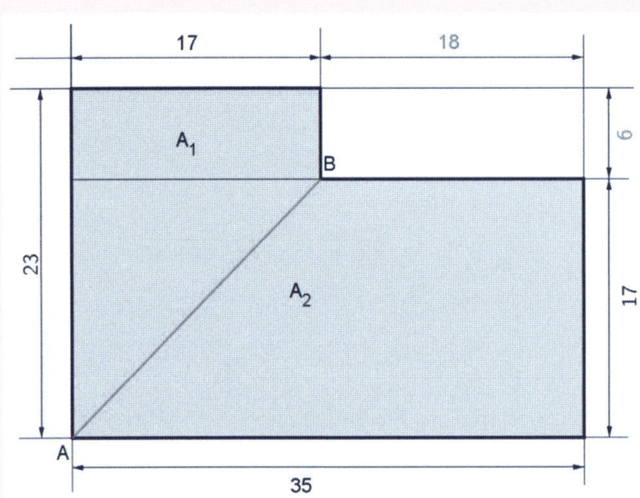

Flächeninhalt

$A = A_1 + A_2$

$A_1 = 17 \cdot 6 = 102$

$A_2 = 35 \cdot 17 = 595$

$A = 102 + 595 = 697$

Der Flächeninhalt beträgt 697 m^2.

Umfang:

$u = 35 + 17 + 18 + 6 + 17 + 23 = 116$

Der Umfang beträgt 116 m.

Länge der Strecke von A nach B im Plan: 4,8 cm

$4{,}8\text{ cm} \cdot 500 = 2\,400\text{ cm} = 24\text{ m}$

Die Strecke von A nach B ist in Wirklichkeit 24 m lang.

Maßstab

1 Ergänze die Tabellen!
P ... Länge im Plan, W ... Länge in der Wirklichkeit

a) Maßstab 1 : 10

P	W
5 mm	
1 cm	
54 mm	
9,3 cm	
	30 cm
	69 cm
	9,8 dm
	17,5 dm

b) Maßstab 1 : 100

P	W
7 cm	
12 mm	
3,1 cm	
80 mm	
	520 cm
	6,3 m
	0,8 m
	10 m

2 Wie lange ist die Strecke in einem Plan mit dem angegebenen Maßstab

a) 40 m, Maßstab 1 : 1 000

b) 1 km, Maßstab 1 : 10 000

c) 6 km, Maßstab 1 : 200 000

d) 25 km, Maßstab 1 : 500 000

e) 5 km, Maßstab 1 : 1 000 000

f) 300 km, Maßstab 1 : 1 500 000

3 Wie lange ist die Entfernung in der Wirklichkeit mit dem angegebenen Maßstab

a) 4 cm, Maßstab 1 : 100 000

b) 3,2 cm, Maßstab 1 : 200 000

c) 6 cm, Maßstab 1 : 500 000

d) 12 cm, Maßstab 1 : 1 500 000

4 Ergänze!
W ... Länge in der Wirklichkeit, P ... Länge im Plan, M ... Maßstabszahl

a) 15 km — 1 : 100 000 — P =

b) 900 m — M = — 4,5 cm

c) W = — 1 : 500 000 — 3,2 cm

5 Welcher Maßstab liegt vor, wenn die Entfernung in Wirklichkeit 60 km beträgt und diese im Plan 12 cm lang ist?

6 Mathias war im Sommer mit seinem Vater in London. Auf ihrer Stadtbesichtigung sind sie auch bei einem der Wahrzeichen Londons, dem 96 m hohen Big Ben, vorbeigekommen. Zur Erinnerung an die Reise hat Mathias einen Big Ben-Schlüsselanhänger, der 48 mm groß ist, bekommen. Zu Hause hat Mathias dann ein 3D-Puzzle des Big Ben zusammengestellt. Die Höhe des Puzzles beträgt 64 cm. In welchem Maßstab ist der Schlüsselanhänger bzw. das Puzzle angefertigt?

7 Konstruiere den Grundriss eines Zimmers mit 5,2 m Länge und 2,6 m Breite im Maßstab 1 : 100!

8 Konstruiere den Plan eines Grundstückes mit 62 m Länge und 19 m Breite im Maßstab 1 : 1 000!

9 In der nebenstehenden Skizze ist ein Dachgiebel dargestellt (Maße in m).

a) Zeichne den Giebel im Maßstab 1 : 100!

b) Entnimm deiner Konstruktion die Größe der Winkel!

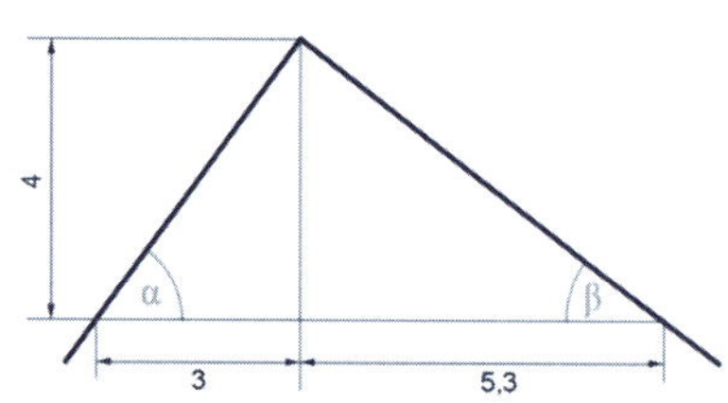

10 In der nebenstehenden Skizze ist ein Grundstück dargestellt (Maße in m).

a) Zeichne das Grundstück im Maßstab 1 : 500!

b) Berechne Flächeninhalt und Umfang!

c) Wie lang ist die Strecke von A nach B in Wirklichkeit?

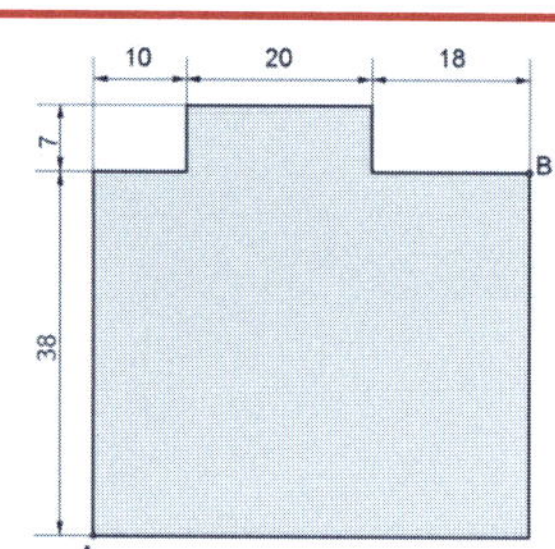

Quader und Würfel

Quader

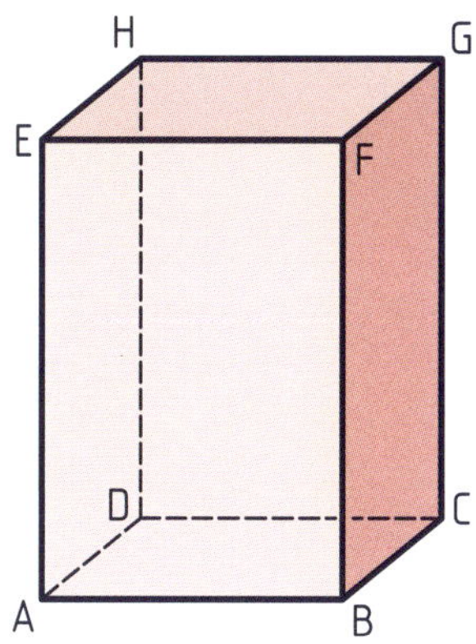

Ecken und Kanten

Jeder Quader hat **8 Eckpunkte** und **12 Kanten.**

Nimm als Modell einen Holzquader (Spielzeug) und einen Holzwürfel. Beschrifte die Eckpunkte mit A, B, C, D, E, F, G, H.

Von jedem Eckpunkt gehen 3 Kanten aus. Jede Kante wird mit dem Anfangs- und dem Endpunkt bezeichnet. Von Punkt A gehen die Kanten AB, AD und AE aus. Jede Kante hat eine Länge.

$\overline{AB}$ ... Schreibweise für die Länge der Kante AB.
4 Kanten eines Quaders sind immer gleich lang:
Alle **Längskanten** (AB, CD, EF, GH) sind gleich lang.
Es gilt: $\overline{AB} = \overline{CD} = \overline{EF} = \overline{GH}$
Die **Breitekanten** (AD, BC, FG, EH) sind gleich lang.
Es gilt: $\overline{AD} = \overline{BC} = \overline{FG} = \overline{EH}$
Die **Höhenkanten** (AE, BF, CG, DH) sind gleich lang.
Es gilt: $\overline{AE} = \overline{BF} = \overline{CG} = \overline{DH}$

Begrenzungsflächen

Der Quader ist von 6 Rechtecken begrenzt. Diese Begrenzungsflächen werden mit ihren Eckpunkten bezeichnet. Steht der Quader auf der Fläche ABCD, so nennt man das Rechteck ABCD **Grundfläche** (Basisfläche), die Rechtecke ABFE, BCGF, CDHG, ADHE **Seitenflächen** und das Rechteck EFGH **Deckfläche.**
Gegenüberliegende Rechtecke sind **gleich** (**deckungsgleich**).

Schrägriss des Quaders

Im Schrägriss werden die Vorderseite und die Rückseite in wahrer Größe dargestellt. Die Breitekanten erscheinen schräg und verkürzt.

Tipp: Du kannst den Quader in ein Gitter einzeichnen.

Ein Quader ist durch die Länge a, Breite b und die Höhe c gegeben.
$\overline{AB} = a$, $\overline{BC} = b$, $\overline{BF} = c$

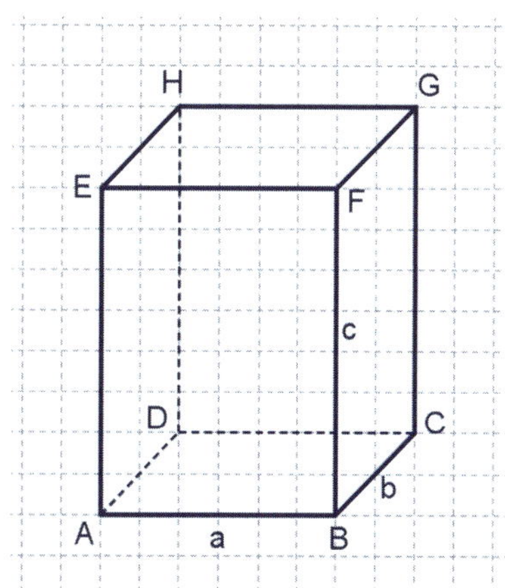

Würfel

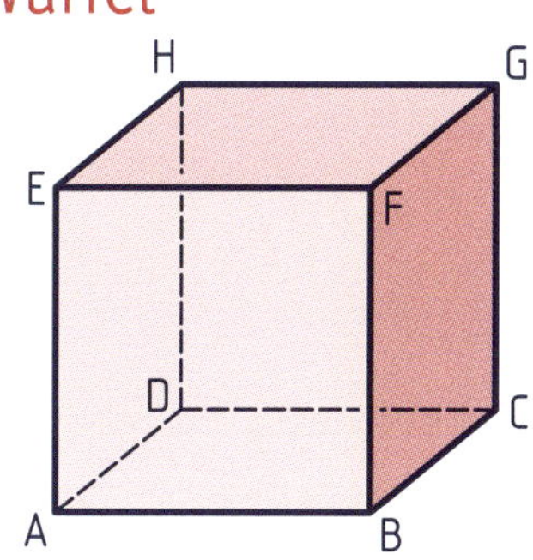

Ein Würfel ist ein Quader mit **12 gleich langen Kanten.**
Die **6 Begrenzungsflächen** des Würfels sind Quadrate, die alle **deckungsgleich** sind.

Gegenseitige Lage von Kanten (Nimm den Holzquader als Modell)

Schneidende Kanten

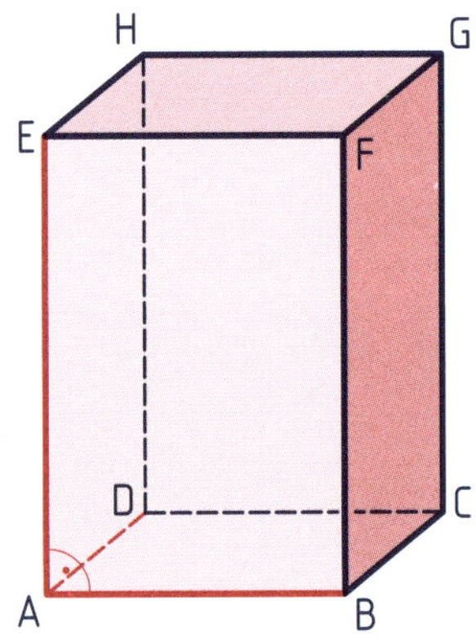

In jedem Eckpunkt schneiden einander drei Kanten: in A die Kanten AE, AD, AB. Je zwei dieser Kanten bilden einen rechten Winkel, sie stehen aufeinander normal:

$AE \perp AB$
$AE \perp AD$
$AD \perp AB$

Je **zwei einander schneidende Kanten** des Quaders **stehen aufeinander normal.**

Parallele Kanten

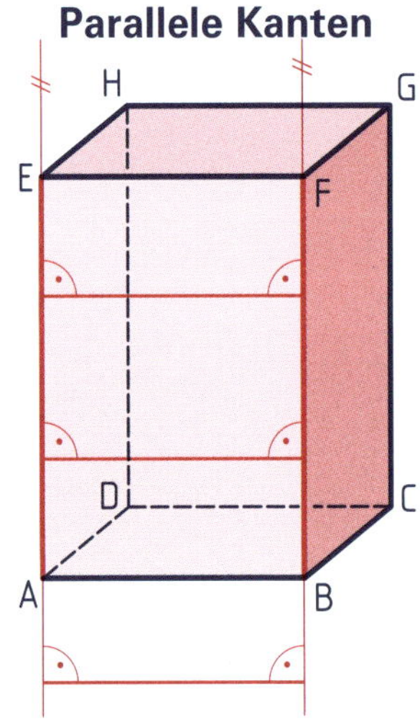

Die Kanten AE und BF haben überall denselben Abstand.
Man sagt: AE und BF sind parallel.
Man schreibt: $AE \parallel BF$
Es gilt auch: $AE \parallel DH$
$AE \parallel CG$

Zu jeder Kante des Quaders gibt es **drei** weitere, **parallele Kanten.**
Parallele Kanten des Quaders sind gleich lang.

Windschiefe Kanten

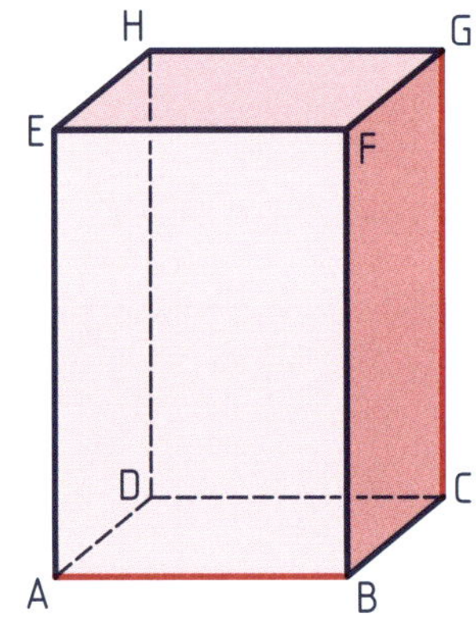

Die Kanten AB und CG sind weder parallel noch schneiden sie einander.
Man sagt:
AB und CG sind zueinander windschief (kreuzend).
Es gilt auch: Zu AB sind DH, FG und EH windschief.

Zu jeder Kante des Quaders gibt es **vier windschiefe Kanten.**

Gegenseitige Lage von Flächen

schneidende Begrenzungsflächen

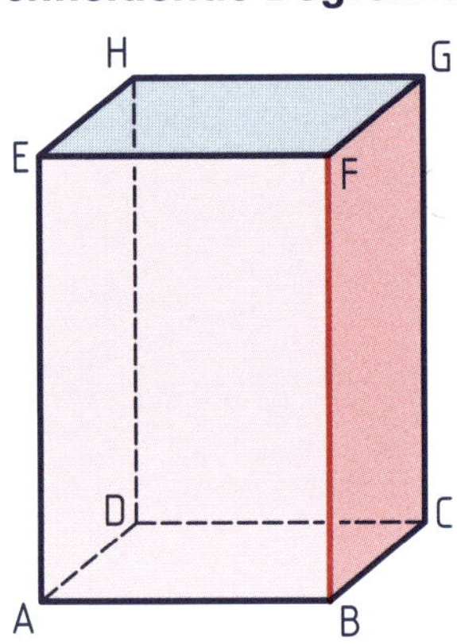

Die Flächen ABFE und BCGF stehen aufeinander normal. Sie schneiden einander längs der Kante BF.

parallele Begrenzungsflächen

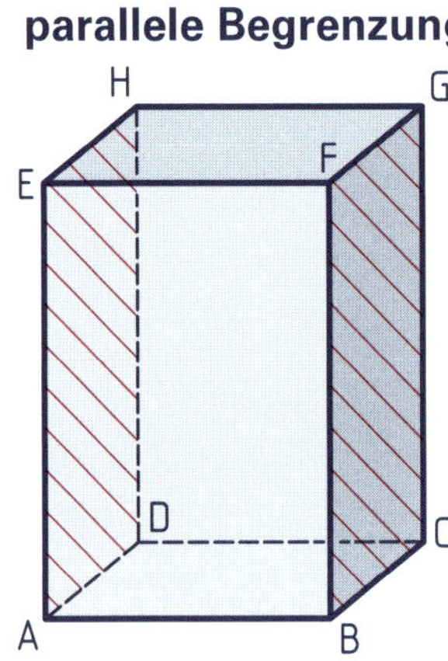

Die Flächen BCGF und ADHE sind parallel. Sie haben keine Kante gemeinsam.

Je **zwei benachbarte Begrenzungsflächen** des Quaders **stehen aufeinander normal.**
Je **zwei einander gegenüberliegende Begrenzungsflächen** des Quaders **sind parallel.**

Kanten und Begrenzungsflächen

1 Gib alle Kanten an, die beim Quader vom Eckpunkt C ausgehen.

2 Gib die vier Seitenflächen und die Deckfläche des Quaders an, wenn man den Quader auf die Fläche BCGF stellt.

3 Gib die 4 Kanten an, die die Fläche CDHG begrenzen.

4 Der Quader steht auf der Fläche EFGH. Gib die 4 Kanten der Grundfläche, die 4 Höhenkanten und die 4 Kanten der Deckfläche an.

5 Gib die drei Kanten an, die einander im Eckpunkt F schneiden.

6 Gib die drei Kanten an, die zur Kante BC parallel sind.

7 Gib die vier Kanten an, die zur Kante GH windschief sind.

8 Gib die zwei Kanten an, die zu AE windschief sind und DH schneiden.

Tipp: Bestimme zuerst die Kanten, die zu AE windschief sind, dann die Kanten, die DH schneiden. Welche Kanten kommen bei beiden vor?

9 Gib die zwei Begrenzungsflächen an, die einander in der Kante FG schneiden.

10 Gib die zur Begrenzungsfläche BCGF parallele Begrenzungsfläche an.

11 Gib die zwei Begrenzungsflächen an, die normal auf die Fläche BCGF stehen und den Eckpunkt H enthalten.

12 Gib die Begrenzungsfläche an, die die Fläche DCBA schneidet und die Kante FG enthält.

13 Gib die zwei Begrenzungsflächen an, die die Fläche DAEH schneiden und mit der Kante BC einen rechten Winkel bilden.

Oberfläche und Netz eines Quaders

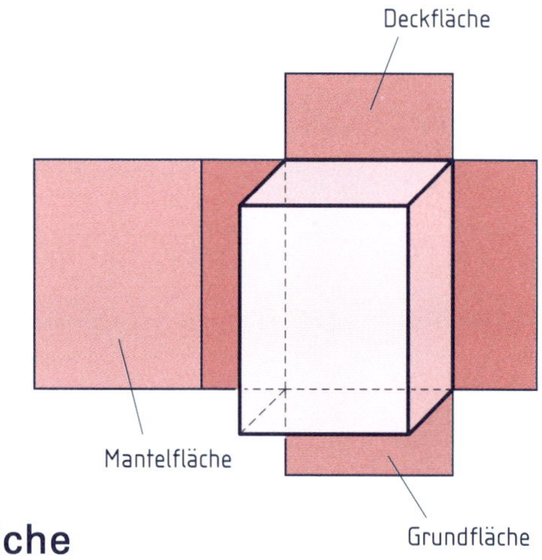

Wenn man alle Begrenzungsflächen eines Quaders in der Ebene ausbreitet, dann entsteht das **Netz** des Quaders.

Die **Oberfläche** des Quaders besteht aus **sechs Rechtecken:** der Grund- und Deckfläche und der Mantelfläche (das sind die vier Seitenflächen). Zwei Flächen sind immer gleich (deckungsgleich).

Berechnung des Flächeninhalts der Oberfläche

Die Oberfläche eines Quaders ist der Flächeninhalt des Netzes. Die Oberfläche gibt zum Beispiel an, wie viel Papier du zum Bekleben einer Schachtel oder eines Holzquaders brauchst.

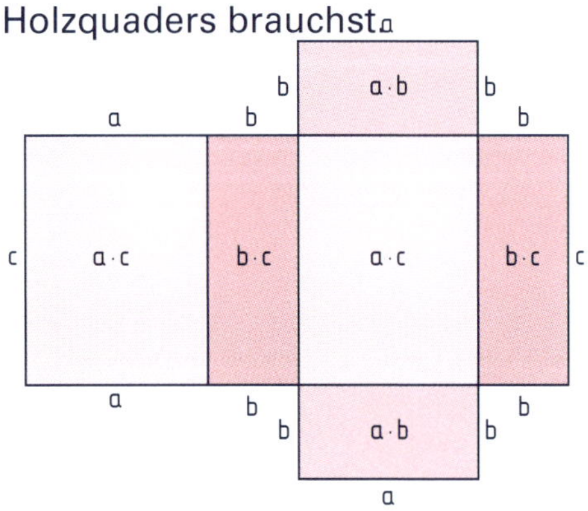

Formel für die Oberfläche eines Quaders mit der Länge a, der Breite b und der Höhe c:

$$O = 2 \cdot a \cdot b + 2 \cdot a \cdot c + 2 \cdot b \cdot c$$
$$O = 2 \cdot (a \cdot b + a \cdot c + b \cdot c)$$

Beispiel: Von einem Quader kennt man a = 6 cm, b = 4 cm und c = 3 cm. Berechne O!

$O = 2 \cdot (a \cdot b + a \cdot c + b \cdot c)$
$O = 2 \cdot (6 \cdot 4 + 6 \cdot 3 + 4 \cdot 3)$
$O = 2 \cdot (24 + 18 + 12)$
$O = 2 \cdot 54 = 108\ cm^2$

Die Oberfläche beträgt 108 cm^2.

Oberfläche und Netz eines Würfels

Die **Oberfläche** des Würfels besteht aus **sechs Quadraten.**

Formel: $O = 6 \cdot a \cdot a$

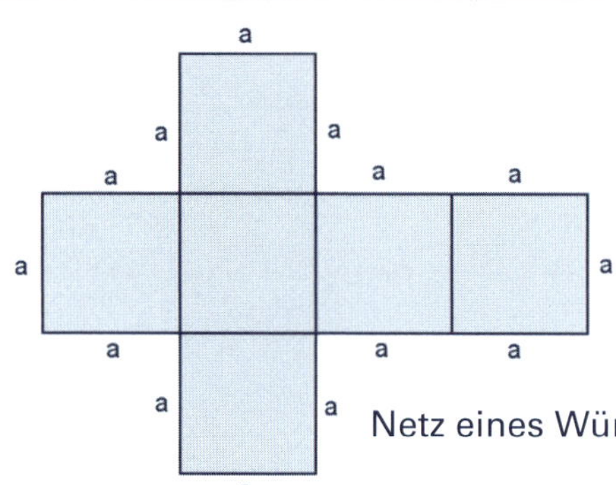

Netz eines Würfels

Beispiel: Von einem Würfel kennt man a = 5 cm. Berechne O!

$O = 6 \cdot a \cdot a$
$O = 6 \cdot 5 \cdot 5$
$O = 150\ cm^2$

Die Oberfläche beträgt 150 cm^2.

Oberfläche und Netz von Quader und Würfel

1 Zeichne das Netz eines Quaders und berechne die Oberfläche O!

a) a = 30 mm, b = 25 mm, c = 18 mm
b) a = 3,8 cm, b = 2,3 cm, c = 2,1 cm
c) a = 26 mm, b = 34 mm, c = 28 mm
d) a = 4,3 cm, b = 2,5 cm, c = 3,5 cm

2 Zeichne das Netz eines Würfels und berechne die Oberfläche O!

a) a = 3 cm
b) a = 2,2 cm

3 Wie viel m^2 Holz benötigt man zur Herstellung einer Kiste mit 1,2 m Länge, 45 cm Breite und 35 cm Höhe?

4 Die beiden Seitenflächen und die vordere Fläche eines Kasten mit 2,8 m Länge, 65 cm Breite und 2,1 m Höhe sollen mit einer Möbelpolitur eingelassen werden. Für rund 7 m^2 kommt man mit einer Dose Politur aus. Wie viele Dosen braucht man?

5 Wie viel dm^2 Blech braucht ein Spengler zur Herstellung eines oben offenen würfelförmigen Gefäßes mit 4,4 dm Seitenlänge?

6 Wie viel cm^2 Folie braucht man mindestens zum Einwickeln eines Schokoladewürfels mit 1,9 cm Seitenlänge?

7
a) Wie viel dm^2 Karton braucht man zur Herstellung einer würfelförmigen Schachtel mit 25 cm Seitenlänge?
b) Welche Abmessungen muss ein Karton haben, damit die Schachtel mit 25 cm Seitenlänge ohne Stückeln hergestellt werden kann?

8 Wie viel m^2 Buchenholz benötigt man zur Herstellung eines Kastens mit 3 m Breite, 1,9 m Höhe und 50 cm Tiefe? Die Rückwand des Kastens wird aus einer Holzfaserplatte hergestellt. Wie groß muss diese sein?

9 Ein Container mit 6,3 m Länge, 2,2 m Breite und 2,6 m Höhe soll neu gestrichen werden.

a) Wie viel Kilogramm Farbe werden dazu benötigt, wenn man für 1 m^2 0,3 kg braucht? Runde auf kg!
b) Wie viel kostet der Anstrich, wenn man für 1 kg Farbe 7 € bezahlt?

Raummaße – Umwandlungen

Einheiten für das Messen von Rauminhalten (Volumseinheiten)

Ein Würfel mit der Seitenkante 1 cm hat einen Rauminhalt (Volumen) von 1 cm^3 (Kubikzentimeter).
1 cm^3 besteht aus 1 000 Würfeln mit 1 mm^3 Rauminhalt.
Es gilt: 1 cm^3 = 1 000 mm^3

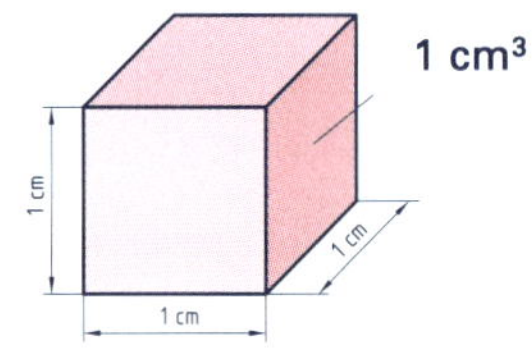

Seitenkante eines Würfels	1 m	1 dm	1 cm	1 mm
Rauminhalt (Volumen)	1 m^3	1 dm^3	1 cm^3	1 mm^3

Die **Verwandlungszahl** von benachbarten Volumseinheiten ist **1 000.**

Hohlmaße

Wird das Volumen von Flüssigkeiten gemessen, verwendet man meist Hohlmaße.
1 Liter (1 l) ist das Volumen eines Würfels mit 1 dm Seitenlänge, d. h. **1 l = 1 dm^3**.
Weiters gilt: 1 hl = 100 l hl … Hektoliter

Untereinteilungen des Liters

Deziliter (dl): 1 l = 10 dl
Zentiliter (cl): 1 dl = 10 cl
Milliliter (ml): 1 cl = 10 ml

Zusammenhang zwischen den Hohlmaßen bzw. Raummaßen

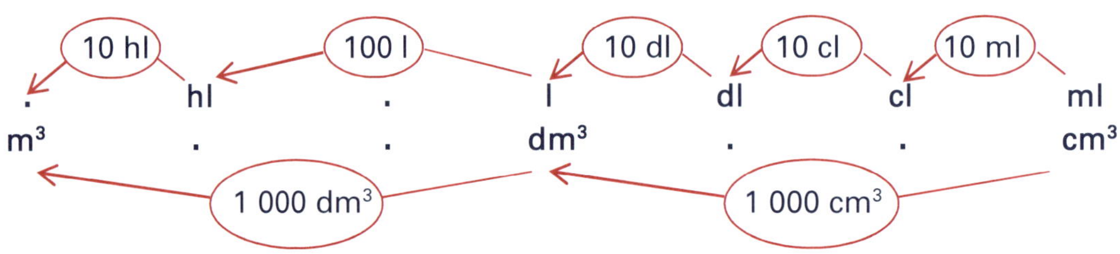

Aus der Übersicht erkennst du, dass **10 hl = 1 m^3**, **1 l = 1 dm^3**, **1 ml = 1 cm^3** gilt.

Beispiel: Verwandle!

a) 2 m^3 85 dm^3 in dm^3
2 m^3 85 dm^3 = 2 085 dm^3

b) 3,01 cm^3 in mm^3
3,01 cm^3 = 3 010 mm^3

Beim Verwandeln von Volumseinheiten kannst du eine Stellenwerttafel verwenden.

Verwandle	m^3			dm^3			cm^3			mm^3			Ergebnis
2 m^3 85 dm^3 → dm^3			2	0	8	5							2 085 dm^3
3,01 cm^3 → mm^3									3	0	1	0	3 010 mm^3

c) 1 236 l in hl
1 236 l = 12,36 hl

d) 57 500 ml in l
57 500 ml = 57,5 l

Verwandle	hl		l		dl	cl	ml	Ergebnis
1 236 l → hl	1	2	3	6				12,36 hl
57 500 ml → l			5	7	5	0	0	57,5 l

Volumsmaße

1 Verwandle!

a) $5\ dm^3 =$	cm^3	b) $16\ cm^3 =$	mm^3	c) $10\ m^3 =$	dm^3
$2{,}8\ dm^3 =$	cm^3	$0{,}255\ m^3 =$	dm^3	$4{,}02\ dm^3 =$	cm^3
$15{,}329\ m^3 =$	dm^3	$2{,}5\ cm^3 =$	mm^3	$9{,}33\ m^3 =$	dm^3
$0{,}005\ dm^3 =$	cm^3	$20{,}02\ m^3 =$	dm^3	$130\ cm^3 =$	mm^3

2 Verwandle!

a) $2\,000\ cm^3 =$	dm^3	b) $5\,480\ dm^3 =$	m^3	c) $13\,900\ mm^3 =$	cm^3
$250\ cm^3 =$	dm^3	$1\,300\ mm^3 =$	cm^3	$2\,345\ cm^3 =$	dm^3
$1538{,}6\ dm^3 =$	m^3	$499\ mm^3 =$	cm^3	$25\ cm^3 =$	dm^3
$0{,}5\ cm^3 =$	dm^3	$12{,}14\ dm^3 =$	m^3	$3{,}84\ cm^3 =$	dm^3

3 Verwandle!

a) 5 hl =	l	b) 30 hl =	l	c) 2,5 hl =	l
200 l =	hl	780 l =	hl	17 l =	hl
279 l =	hl	279 hl =	l	0,5 hl =	l
3,5 l =	hl	1500 l =	hl	135 l =	hl

4 Verwandle

a) 5 l =	dm^3	b) 0,2 l =	dm^3	c) $13\ dm^3 =$	l
$2\ dm^3 =$	hl	$8{,}4\ m^3 =$	hl	$30\ m^3 =$	hl
400 hl =	m^3	8 000 l =	m^3	$3\ m^3 =$	l
250 l =	m^3	$60\ m^3 =$	hl	5 hl =	dm^3

5 Verwandle!

a) $3\ dm^3\ 254\ cm^3 =$	dm^3	b) $8\ m^3\ 300\ dm^3 =$	dm^3
$5\ m^3\ 500\ dm^3 =$	m^3	$12\ cm^3\ 15\ mm^3 =$	cm^3
3 dl 5 ml =	cm^3	$17\ cm^3\ 219\ mm^3 =$	mm^3
$19\ dm^3\ 19\ cm^3 =$	cm^3	$3\ m^3\ 750\ dm^3 =$	l
$5\ cm^3 =$	ml	7 hl 3 l =	m^3
15 hl 32 l =	l	$56\ dm^3\ 8\ cm^3 =$	l

Volumen von Quader und Würfel

Quader

Aus wie vielen Würfel von 1 cm Seitenlänge setzt sich der Quader zusammen?

Auf der Grundfläche stehen $4 \cdot 2$ Würfel.
Insgesamt gibt es 3 solcher Schichten.
Der Quader setzt sich also aus
$4 \cdot 2 \cdot 3 = 24$ Würfel zusammen.
Da jeder Würfel 1 cm^3 Rauminhalt hat,
beträgt das Volumen des Quaders 24 cm^3.
4 Würfel passen in die Länge a.
2 Würfel passen in die Breite b.
3 Würfel passen in die Höhe c.

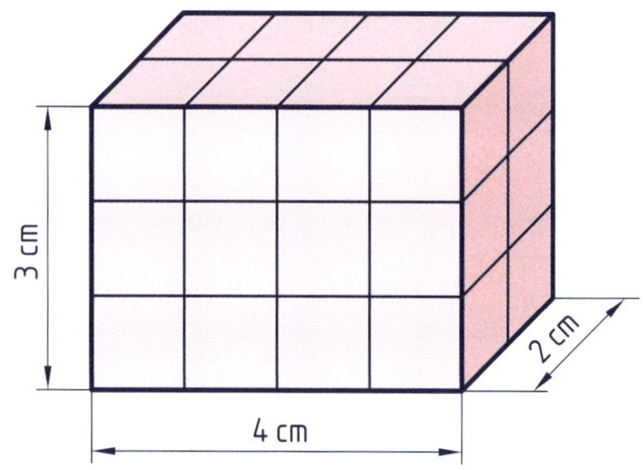

Volumen eines Quaders = **Länge mal Breite mal Höhe**

Formel: $V = a \cdot b \cdot c$ oder $V = l \cdot b \cdot h$

Beachte: **Länge, Breite und Höhe** müssen beim Rechnen immer **gleiche Einheiten haben**!

Beispiel: Berechne das Volumen des Quaders a = 75 cm, b = 3 dm und c = 2 dm.

$V = a \cdot b \cdot h$ Achte beim Einsetzen auf die gleichen Einheiten!
a = 75 cm = 7,5 dm

$V = 7{,}5 \cdot 3 \cdot 2$

$V = 45\ dm^3$ Das Volumen des Quaders beträgt 45 dm^3.

Würfel

Da bei einem Würfel alle Seitenkanten gleich lang sind, gilt für das Volumen die

Formel: $V = a \cdot a \cdot a$ oder $V = s \cdot s \cdot s$

Beispiel:

Berechne das Volumen eines Würfels aus Fichtenholz, der eine Seitenlänge von 30 cm hat! Welche Masse hat dieser Würfel, wenn 1 cm^3 Fichtenholz ungefähr 0,5 g wiegt?

$V = a \cdot a \cdot a$ Formel für das Volumen
$V = 30 \cdot 30 \cdot 30$ Einsetzen
$V = 27\,000\ cm^3$

NR: $\frac{30 \cdot 30}{900}$ $\frac{900 \cdot 30}{27000}$

Berechnung der Masse:

1 cm^3 hat die Masse von 0,5 g (Angabe).

$27\,000 \cdot 0{,}5 = 13\,500$ g = 13,5 kg

$\frac{27000 \cdot 0{,}5}{13500{,}0}$

Der Holzwürfel hat eine Masse von ungefähr 13,5 kg.

Beispiel:

Von einem Quader kennt man das Volumen $V = 60\ cm^3$ und den Flächeninhalt der Grundfläche $G = 12\ cm^2$. Wie hoch ist der Quader? Schreibe zunächst eine Formel für die Höhe an!

$$V = \underbrace{a \cdot b}_{G} \cdot \underset{\downarrow}{c}$$
$$V = G \cdot h$$

Die Grundfläche ist ein Rechteck mit der Länge a und der Breite b.
Für den Flächeninhalt gilt: $G = a \cdot b$
Für die Höhe des Quaders kannst du auch h schreiben.

Für die Höhe h gilt:

$h = V : G$

$h = 60 : 12$

$h = 5$

Der Quader ist 5 cm hoch.

Aus dem Beispiel erkennst du, dass für das Volumen eines Quaders gilt:

Volumen eines Quaders = **Grundfläche mal Höhe**

Formel: $V = G \cdot h$

Beispiel:

In einem würfelförmigen Glasbehälter mit 12 cm Seitenlänge wird 1 Liter Wasser gefüllt. Wie hoch steht das Wasser?

1 Liter = $1\ dm^3 = 1\ 000\ cm^3$

Du suchst die Höhe eines Quaders mit der Grundfläche 12 cm x 12 cm und dem Volumen $1\ 000\ cm^3$.

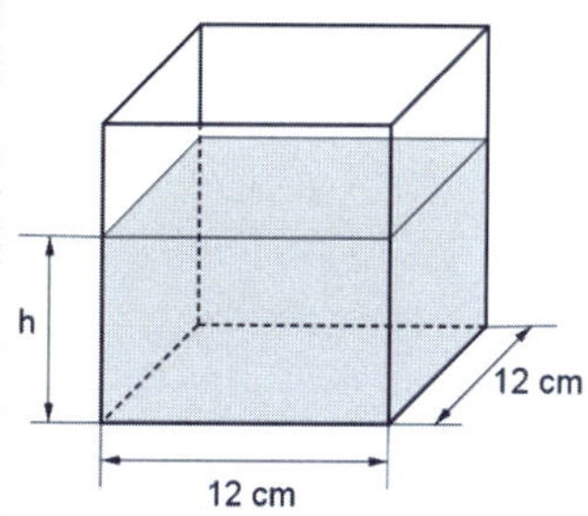

$a = 12$ cm

$V = G \cdot h$ mit $G = 12 \cdot 12 = 144$

$h = V : G$

$h = 1\ 000 : 144$

NR:

$12 \cdot 12$
12
24
144

$1000 : 144 = 6,9$
1360
64

$h = 6,9$ cm

$h \approx 7$ cm

Das Wasser steht im Glasbehälter rund 7 cm hoch.

Volumen von Quader und Würfel

1 Berechne das Volumen des Quaders!

a) a = 17 cm, b = 6 cm, c = 5 cm

b) a = 125 mm, b = 60 mm, c = 16 mm

c) a = 2 m, b = 0,8 m, c = 1,2 m

d) a = 1,52 m, b = 32 cm, c = 70 cm

2 Berechne das Volumen des Würfels!

a) a = 45 mm

b) a = 0,87 m

c) a = 8,1 cm

d) a = 65 mm

3 Wie viel Liter Öl passen in einen würfelförmigen Tank mit 75 cm Seitenlänge?

4 Wie viel m^3 Luft sind in einem Zimmer mit 5,2 m Länge, 4 m Breite und 2,6 m Höhe?

5 Wie schwer ist ein Eisenwürfel mit 30 cm Seitenlänge, wenn 1 dm^3 Eisen 7,8 kg wiegt?

6 Welche Masse hat ein Betonsockel mit 1,5 m Länge, 90 cm Breite und 60 cm Höhe, wenn 1 m^3 Beton 2,6 t wiegt?

Die neue Reihe Kompetent AUFSTEIGEN

✓ Bildungsstandards ✓ Kompetenzen ✓ Zentralmatura

ISBN 978-3-7074-1834-7

Nue Prüfungsformen üben 1

40 Seiten + 24 Seiten Lösungsheft

Sammelband mit vielen praktischen Beispielen, die zum Üben der Rechenoperationen unerlässlich sind und helfen, das mathematische Verständnis jeder Einzelnen bzw. jedes Einzelnen zu verbessern.

- Natürliche Zahlen
- Römische Zahlen
- Rechnen mit natürlichen Zahlen und Dezimalzahlen
- Brüche
- Gleichungen
- Textaufgaben
- Rechteck, Quader, Würfel
- Maßstab, Arbeiten mit Modellen, Statistiken

ISBN 978-3-7074-1833-0

Schularbeits-Trainer 1

40 Seiten + 40 Seiten Lösungsheft

hilft Schülerinnen und Schülern, sich gezielt auf Schularbeiten vorzubereiten.

- Bei jedem Beispiel ist das Stoffgebiet angeführt – so kann sich jede Schülerin bzw. jeder Schüler gezielt auf den Schularbeitsstoff vorbereiten.
- Mit den neuesten Prüfungsformaten – offene Aufgabenstellungen, Auswahlaufgaben bzw. Multiple-Choice-Verfahren
- Punktetabelle zur eigenen Beurteilung – so weiß jede und jeder, wo es noch notwendig ist, zu lernen.
- 20 Schularbeiten

Kompetent AUFSTEIGEN gibt es für Mathematik, Englisch und Deutsch!

www.ggverlag.at

7 Wie schwer ist eine Holzplatte mit 2,8 m Länge, 1,8 m Breite und 19 mm Dicke, wenn 1 dm^3 Holz 0,7 kg wiegt?
Ein Anhänger darf mit maximal 300 kg beladen werden. Wie viele ganze Platten darf man damit transportieren?

8 Herr Mayer will 10 Liter Benzin kaufen. Sein Kanister ist 32 cm lang, 18 cm breit und 45 cm hoch. Ist der Kanister groß genug?

9 Wie viel m^3 Wasser passen in ein Schwimmbecken mit 8,5 m Länge, 5 m Breite und 1,4 m Tiefe, das bis 15 cm unter dem Rand gefüllt ist?

10 Wie viel m^3 Luft sind in einem Klassenzimmer mit 8 m Länge, 5,5 m Breite und 3 m Höhe?

11 Ein würfelförmiges Gefäß soll mit 27 l Wasser gefüllt werden. Wie groß muss die Seitenlänge des Gefäßes sein? Löse durch Probieren!

12 Der dargestellte Körper besteht aus Würfeln mit 1 cm Kantenlänge. Du kannst zwar nicht alle Würfel sehen, es gibt aber keine Hohlräume.

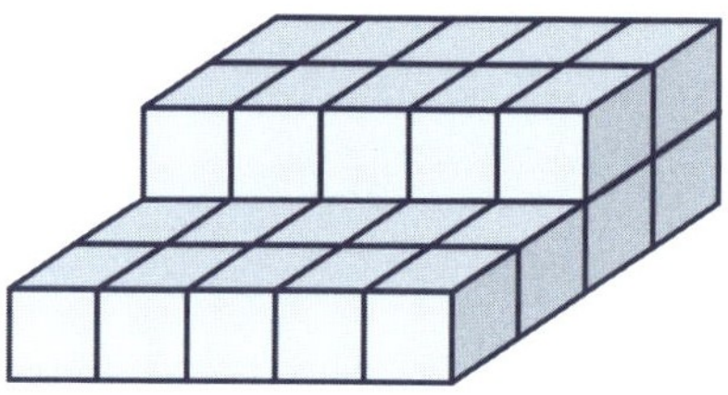

a) Wie groß ist das Volumen des dargestellten Körpers? Zähle die Würfel!
b) Wie groß ist die Oberfläche des dargestellten Körpers? Zähle die Flächen!

13 Wie viel Liter Wasser fasst ein würfelförmiges Gefäß mit 20 cm Seitenlänge?
In dieses würfelfömige Gefäß werden 4 Liter Wasser eingefüllt. Wie hoch steht das Wasser im Würfel?

14 Das städtische Schwimmbecken ist 33 m lang, 14 m breit und 1,5 m tief. Wie viel m^3 Wasser sind im Becken, wenn es bis 15 cm unter den Rand gefüllt ist?

15 Wie schwer ist eine 4 m lange Holzleiste mit einem Querschnitt von 3 cm x 3 cm, wenn 1 dm^3 Holz 0,6 kg wiegt? Beachte: 3 cm x 3 cm bedeutet: Länge 3 cm, Breite 3 cm.

16 Nach dem letzten Regen befinden sich in einer quaderförmigen Regentonne (1,2 m Länge, 1 m Breite und 2 m Höhe) 1 800 Liter Wasser. Wie hoch steht das Wasser?